ERGEBNISSE DER ANGEWANDTEN MATHEMATIK

UNTER MITWIRKUNG DER SCHRIFTLEITUNG DES „ZENTRALBLATT FÜR MATHEMATIK"

HERAUSGEGEBEN VON F. LÖSCH

1

DIE PRAKTISCHE BEHANDLUNG VON INTEGRAL-GLEICHUNGEN

VON

H. BÜCKNER

MIT 1 TEXTABBILDUNG

SPRINGER-VERLAG BERLIN HEIDELBERG GMBH

ISBN 978-3-662-01395-3   ISBN 978-3-662-01394-6 (eBook)
DOI 10.1007/978-3-662-01394-6

Inhaltsverzeichnis.

Berichtigungen.

Seite 20, Zeile 3: Der Nebensatz „$p(x)$ und $g(x) = 1 - q(x)$ teilerfremd"
ist zu streichen.

Seite 22, Zeile 1 und 2 von oben sind zu streichen.

Seite 22, Zeile 7: Vor dem Wort „nichts" ist einzufügen: „bis auf Nullstellen von $g(x)$".

Einleitung.

Die praktische Behandlung der Integralgleichungen bildet einen verhältnismäßig jungen, noch im Wachstum begriffenen Zweig der praktischen Mathematik. Immerhin hat die Entwicklung praktischer Methoden für die linearen Integralgleichungen 2. Art (auch Fredholmsche Integralgleichungen genannt) heute einen Stand erreicht, der es rechtfertigt, die bisher bekannt gewordenen Verfahren zu ordnen und ihre Grundlagen und Zusammenhänge nach Möglichkeit darzulegen. Dies ist der Gegenstand dieses Berichts.

Es zeigt sich, daß die weitaus größte Zahl der praktischen Verfahren zu zwei großen Kategorien gehört, nämlich zu den Iterationsverfahren und zu solchen, die sich auf einen Ersatz des Kerns der Integralgleichung zurückführen lassen. Da Iteration und Kernersatz nicht auf Fredholmsche Gleichungen beschränkt sind, so ist zu hoffen, daß die Begründung beider Methoden für Fredholmsche Gleichungen auch von Nutzen für die praktische Behandlung anderer Integralgleichungstypen sein wird, insbesondere für die linearen Integralgleichungen 1. Art, die in diesem Bericht nicht behandelt werden. Obwohl es in vielen Fällen keine Schwierigkeit bereitet, die in diesem Bericht behandelten Methoden auf Integralgleichungen 1. Art anzuwenden, so ist doch die Entwicklung von Verfahren für diesen Typ noch zu sehr im Flusse, um ihre Zusammenstellung und Ordnung nicht als verfrüht erscheinen zu lassen. Immerhin sei in diesem Zusammenhang auf einige wichtige Literatur hingewiesen, nämlich auf die Bücher und Arbeiten [20], [30], [36], [44], [61], [63], [71], [78], [80] und [83]. Hier wie auch im ganzen Bericht beziehen sich Zahlen in eckigen Klammern auf das am Ende befindliche Literaturverzeichnis.

Die Einschließungssätze des II. Abschnitts richten sich zu einem großen Teil nach Ergebnissen von Herrn H. Wielandt, Tübingen. Insbesondere versetzten mich seine freundschaftlichen Mitteilungen über bisher noch unveröffentlichte Ergebnisse zu den Einschließungspolynomen in die Lage, den Bericht auf den letzten Stand der Forschung zu bringen. Für dieses Entgegenkommen und für die freundliche Durchsicht auch anderer Teile des Berichts möchte ich Herrn Wielandt herzlich danken.

Die Eigenart der Methoden, über die dieses Heft berichtet, tritt ungeschmälert hervor, wenn man sich auf Gleichungen mit Kernen von nur zwei unabhängigen Variablen beschränkt. Es genügt ferner, sich mit stückweise stetigen Funktionen zu befassen. Wenn daher im folgenden Funktionen $f(s)$ von einer und $F(s, t)$ von zwei Variablen gegeben sind, so sollen, wenn nichts anderes bemerkt wird, die Variablen reell sein und die Funktionen den nachstehenden Beschränkungen unterliegen:

1. $f(s)$ ist in einem Intervall $a \leqq s \leqq b$, $F(s, t)$ in einem Rechteck $a \leqq s \leqq b, c \leqq t \leqq d$ fast überall definiert. Die Funktionswerte dürfen komplex sein.
2. $|f(s)|$ und $|F(s, t)|$ besitzen endliche obere Schranken im Definitionsbereich.
3. Die Stellen der Undefiniertheit und Unstetigkeit bestehen bei $f(s)$ aus endlich vielen Punkten; bei $F(s, t)$ liegen sie auf endlich vielen glatten Kurven, deren jede von den Geraden $s = $ const. und $t = $ const. in höchstens endlich vielen Punkten getroffen wird oder ganz auf einer dieser Geraden liegt.

Die so eingeschränkten Funktionen werden als zulässig bezeichnet. Unterscheiden sich zulässige Funktionen nicht in den Stetigkeitsstellen, so werden sie nicht als wesentlich verschieden angesehen. — An sich lassen sich die meisten der Ergebnisse, die in diesem Bericht beschrieben werden, auf quadratisch integrierbare Funktionen im Sinne von Lebesgue ausdehnen. Die praktischen Anwendungen machen dies aber kaum erforderlich.

Ich habe mich bemüht, ein möglichst vollständiges Bild von den bisher entwickelten Methoden zu bieten. In einigen Fällen, z. B. bei den Aufsätzen [3], [28] und [68] war es mir bisher noch nicht möglich, die Literatur in die Hand zu bekommen, auf die ich bei der Suche nach einschlägigen Arbeiten aufmerksam geworden war. In anderen Fällen, z. B. bei der im Nachtrag erwähnten Literatur, habe ich beim Lesen der Korrektur Hinweise eingefügt.

Herausgeber und Verlag haben mich bei der Beschaffung schwer zugänglicher Literatur unterstützt. Nicht nur dafür, sondern auch für das mir in jeder anderen Richtung bewiesene Entgegenkommen möchte ich an dieser Stelle herzlich danken. Mein Dank gebührt ferner Herrn J. Weissinger, Hamburg, für die Liebenswürdigkeit, die Korrektur mitgelesen zu haben.

Berlin, Mathematisches Institut der Technischen Universität,
     im November 1951.

Hans Bückner.

I. Abschnitt.

Formeln und Sätze aus der Theorie der Fredholmschen Integralgleichungen.

Ohne Beweis stelle ich hier einen Teil der wichtigsten Ergebnisse über die Integralgleichungen zusammen. Andere Tatsachen werden später dort genannt, wo sie unmittelbar zum Verständnis benötigt werden. Im übrigen sei etwa auf den bekannten Artikel von Hellinger und Toeplitz in der Enzyklopädie der mathematischen Wissenschaften [30] oder die Bücher [18, 26, 29, 61] verwiesen.

§ 1. Fredholmsche Integralgleichungen, Systeme und gemischte Gleichungen, Integraloperatoren.

Es handelt sich um die Gleichung

$$y(s) = \lambda \int_a^b K(s, t)\, y(t)\, dt + f(s), \tag{1}$$

wobei die Funktion f und der Kern $K(s, t)$ für $a \leq s, t \leq b$ definiert und nach unserer Abrede *zulässige* Funktionen sind. Unter λ ist ein reeller oder komplexer Parameter zu verstehen. Auf die Gleichung (1) lassen sich Systeme von Integralgleichungen

$$y_\alpha(s) = \lambda \int_a^b \sum_{\beta=1}^n K_{\alpha\beta}(s, t)\, y_\beta(t)\, dt + f_\alpha(s); \quad \alpha = 1, 2 \ldots n \tag{2}$$

zurückführen. Setzt man $Y(s') = y_\alpha(s), F(s') = f_\alpha(s), K(s', t') = K_{\alpha\beta}(s, t)$ für $s + (\alpha - 1)(b - a) = s' < a + \alpha(b - a), \ t + (\beta - 1)(b - a) = t' < a + \beta(b - a)$, so ist das System (2) vollkommen gleichbedeutend mit der Integralgleichung

$$Y(s') = \lambda \int_a^{b'} K(s', t')\, Y(t')\, dt' + F(s') \text{ mit } b' = a + n(b - a) \tag{3}$$

In vielen Anwendungen kommen sogenannte gemischte Integralgleichungen

$$y(s) = \lambda \left\{ \int_a^b K(s, t)\, y(t)\, dt + \sum_{\nu=1}^n K_\nu(s)\, y(x_\nu) \right\} + f(s) \tag{4}$$

vor. Dabei sind $x_1, x_2, \ldots, x_n$ vorgegebene Stellen des Intervalls $\langle a, b \rangle$ und $K_1(s), \ldots, K_n(s)$ gegebene stetige Funktionen.

Sind auch $f(s)$ und $K(s, t)$ stetig, so verlangt das Problem (4) die Ermittlung einer zumindest an den Stellen $x_1, \ldots, x_n$ stetigen Funktion $y(s)$, welche außer (4) den daraus folgenden Bedingungen

$$y(x_\mu) = \lambda \left[\int_a^b K(x_\mu, t)\, y(t)\, dt + \sum_{\nu=1}^n K_\nu(x_\mu)\, y(x_\nu) \right] + f(x_\mu) \tag{5}$$

genügt. Setzen wir der Einfachheit halber $a = 0$, $b = 1$ und definieren wir ferner gewisse konstante Funktionen $f_\nu(x) = f(x_\nu)$; $y_\nu(x) = y(x_\nu)$ für $0 \leq x \leq 1$, $\nu = 1, 2, \ldots, n$, so kann man für (4) und (5) auch schreiben

$$y(s) = \lambda \left[\int_0^1 K(s, t)\, y(t)\, dt + \int_0^1 \sum_{\nu=1}^n K_\nu(s)\, y_\nu(t)\, dt \right] + f(s)$$

$$y_\mu(s) = \lambda \left[\int_0^1 K(x_\mu, t)\, y(t)\, dt + \int_0^1 \sum_{\nu=1}^n K_\nu(x_\mu)\, y_\nu(t)\, dt \right] + f_\mu(s). \tag{6}$$

Dieses System hat die Gestalt (2). Sieht man in (6) alle Funktionen $y, y_1, \ldots, y_n$ als frei an, so folgt aus (6), daß die Funktionen $y_1, \ldots, y_n$ konstant sein und die Bedeutung $y_\nu = y(x_\nu)$ haben müssen, so daß umgekehrt auch (4) aus (6) folgt. *Auch Systeme von gemischten Gleichungen lassen sich also auf die Gleichung* (1) *zurückführen.* Es scheint, daß H. Wielandt dies als erster erkannt hat (vgl. [82], S. 121—123).

In der bis auf endlich viele s definierten Integraltransformation

$$u(s) = \int_a^b K(s, t)\, v(t)\, dt \tag{7}$$

ist $u(s)$ eine zulässige Funktion, wenn K und v es sind. Ist nämlich s' eine Stelle, für die nur endlich viele Unstetigkeitsstellen (s', t) von $K(s, t)$ existieren, so muß $u(s)$ stetig für $s = s'$ sein. Es gilt nämlich

$$|u(s) - u(s')| \leq C \int_a^b |K(s', t) - K(s, t)| \cdot dt, \tag{8}$$

wobei C eine obere Schranke für $|v(s)|$ bildet. Mit Ausnahme von höchstens endlich vielen Werten t ist aber

$$\lim_{s \to s'} \{K(s', t) - K(s, t)\} = 0, \tag{9}$$

so daß in (8) die Reihenfolge von Integration und Grenzübergang $s \to s'$ nach dem bekannten Satz von Osgood, Arzela und Lebesgue vertauscht werden kann. Es ergibt sich dann $u(s) \to u(s')$ mit $s \to s'$. Da es nur endlich viele Ausnahmestellen gibt, die nicht die Voraussetzung für s' erfüllen, so ist $u(s)$ eine an höchstens endlich vielen Stellen unstetige

Funktion. Daß sie gleichmäßig beschränkt ist, folgt aus einer zu (8) ähnlichen Abschätzung. Demnach ist $u(s)$ eine zulässige Funktion wie behauptet.

Durch die Integraltransformation (7) wird die Menge der zulässigen Funktionen $v(s)$ linear auf sich abgebildet. Wir bezeichnen diese Abbildung mit $\Re$ und schreiben $u = \Re v$ als anderen Ausdruck für (7). Man bezeichnet $\Re$ als Integraloperator. Neben der Abbildung durch Integraloperatoren sind im folgenden auch Abbildungen der zulässigen Funktionen durch Operatoren der Form $c + c' \Re$ mit $\Re$ als Integraloperator und c und c' als komplexen Zahlen zu betrachten; sie sind definiert durch $(c + c' \Re) v = c v + c' (\Re v)$. Beispielsweise läßt sich (1) in der Form

$$(1 - \lambda \Re)\, y = f \tag{1'}$$

zum Ausdruck bringen; das heißt, es soll diejenige Funktion y gefunden werden, die durch die in der Klammer stehende Abbildung nach f geworfen wird. Zwei Abbildungen $\mathfrak{A} = c + c' \Re$, $\mathfrak{B} = d + d' \mathfrak{L}$ mit $\Re$ und $\mathfrak{L}$ als auf die Funktionen des Intervalls $\langle a, b \rangle$ anwendbaren Integraloperatoren sind dann und nur dann identisch, wenn $c = d$ und $c' K(s, t) = d' L(s, t)$ mit Bezug auf die zugehörigen Kerne gilt.

Man definiert die Summe der Operatoren $\mathfrak{A}$ und $\mathfrak{B}$ durch $(\mathfrak{A} + \mathfrak{B}) v = \mathfrak{A} v + \mathfrak{B} v$. Es ist $\mathfrak{A} + \mathfrak{B} = (c + d) + c' \Re + d' \mathfrak{L}$. Zu dem hierin enthaltenen Integraloperator gehört die Kombination $c' K(s, t) + d' L(s, t)$ als neuer Kern. Ein Produkt $\mathfrak{A} \mathfrak{B}$ von $\mathfrak{A}$ und $\mathfrak{B}$ wird erklärt durch $\mathfrak{A} \mathfrak{B} v = \mathfrak{A} (\mathfrak{B} v)$. Im allgemeinen sind $\mathfrak{A} \mathfrak{B}$ und $\mathfrak{B} \mathfrak{A}$ voneinander verschieden. Die Multiplikation ist distributiv. Das Produkt $\Re \mathfrak{L}$ ist ein reiner Integraloperator mit dem Kern $\int\limits_b^a K(s, x) L(x, t)\, dx$. Wird die Abbildung $\mathfrak{A}$ n-mal hintereinander ausgeführt, so schreiben wir $\mathfrak{A}^n$ dafür. Die Kerne, die zu den Potenzen eines reinen Integraloperators gehören, werden als die Iterierten von $K(s, t)$ bezeichnet und oft durch die Schreibweise $K^{(n)}(s, t)$ gekennzeichnet. Die Schlußweise zu (7) bis (9) läßt erkennen, daß die Produktbildung nicht aus der Klasse zulässiger Kerne herausführt. Insbesondere liegen die Unstetigkeitsstellen der iterierten Kerne auf denjenigen Kurven, die die Unstetigkeitsstellen von $K(s, t)$ enthalten.

Wo im folgenden unendliche Reihen aus Integraloperatoren vorkommen, sollen sie den Integraloperator kennzeichnen, der zur unendlichen Reihe der entsprechenden Kerne gehört.

Es lassen sich aus $\Re$ gewisse Integraloperatoren ableiten, die in der Theorie der Integralgleichungen eine wichtige Rolle spielen; es handelt sich um die Operatoren

$\mathfrak{K}'$ mit dem transponierten Kern $K(t, s)$, $\bar{\mathfrak{K}}$ mit dem zu $K(s, t)$ konjugiert komplexen Kern $K(s, t)$ und $\bar{\mathfrak{K}}'$ mit dem Kern $K(t, s)$. Mit Bezug auf die allgemeineren Operatoren $c + d\,\mathfrak{K} = \mathfrak{A}$ führen wir die Operatoren $\mathfrak{A}' = c + d\,\mathfrak{K}'$, $\bar{\mathfrak{A}} = \bar{c} + \bar{d}\,\bar{\mathfrak{K}}$ und $\bar{\mathfrak{A}}' = \bar{c} + \bar{d}\,\bar{\mathfrak{K}}'$ ein.

Die Operatorschreibweise macht viele Formeln der Theorie der Integralgleichungen einfacher und durchsichtiger. Wo immer zweckmäßig, wird sie im folgenden angewendet werden.

§ 2. Der reziproke Kern und die Fredholmschen Formeln.

Wir setzen

$$K\begin{pmatrix} s_1, \ldots s_n \\ t_1, \ldots t_n \end{pmatrix} = \begin{vmatrix} K(s_1, t_1), & K(s_1, t_2), & \ldots K(s_1, t_n) \\ K(s_2, t_1), & K(s_2, t_2), & \ldots K(s_2, t_n) \\ \cdot \\ \cdot \\ \cdot \\ K(s_n, t_1), & K(s_n, t_2), & \ldots K(s_n, t_n) \end{vmatrix} \tag{1}$$

und

$$D_n(s, t) = \int\limits_a^b \ldots \int\limits_a^b K\begin{pmatrix} s, s_1, \ldots s_n \\ t, s_1, \ldots s_n \end{pmatrix} ds_1 \ldots ds_n \tag{2}$$

$$D_n = \int\limits_a^b \ldots \int\limits_a^b K\begin{pmatrix} s_1 \ldots s_n \\ s_1 \ldots s_n \end{pmatrix} ds_1 \ldots ds_n = \int\limits_a^b D_{n-1}(s, s)\, ds. \tag{3}$$

Die Reihen

$$D(s, t; \lambda) = \sum_{k=0}^\infty D_k(s, t)\, \frac{(-1)^k}{k!}\, \lambda^k, \quad \big(D_0(s, t) = K(s, t)\big) \tag{4}$$

$$D(\lambda) = \sum_{k=0}^\infty D_k\, \frac{(-1)^k}{k!}\, \lambda^k, \quad (D_0 = 1) \tag{5}$$

konvergieren für alle Werte von λ. Die Reihe $D(s, t; \lambda)$ besitzt eine von s und t unabhängige, in der ganzen λ-Ebene konvergente Majorante. $D(s, t; \lambda)$ ist eine zulässige Funktion in s und t. Ihr entspricht ein Integraloperator $\mathfrak{D}(\lambda)$. Die Nullstellen von $D(\lambda)$, der sogenannten *Fredholm*schen Determinante, können sich im Endlichen nicht häufen. Von Wichtigkeit sind der sogenannte lösende oder reziproke Kern

$$\Gamma(s, t; \lambda) = \frac{D(s, t; \lambda)}{D(\lambda)}, \tag{6}$$

der eine meromorphe Funktion in λ darstellt, und der zugehörige, für $D(\lambda) \neq 0$ definierte Integraloperator $\Gamma(\lambda) = D(\lambda)^{-1}\,\mathfrak{D}(\lambda)$. Übrigens gilt $\Gamma(0) = \mathfrak{K}$.

Für $D(\lambda) \neq 0$ besitzt (§ 1, 1′) genau eine Lösung, und zwar

$$y = f + \lambda\Gamma(\lambda)\, f. \tag{7}$$

Es existiert also in $(1 + \lambda\,\Gamma)$ die zu $(1 - \lambda\,\Re)$ reziproke Abbildung der zulässigen Funktionen. Man kann dies auch durch die Gleichungen

$$(1 + \lambda\,\Gamma(\lambda))\,(1 - \lambda\,\Re) = (1 - \lambda\,\Re)\,(1 + \lambda\,\Gamma(\lambda)) = 1 \qquad (8)$$

zum Ausdruck bringen. Aus dieser Gleichung folgen

$$\Gamma(\lambda) - \Re = \lambda\,\Re\,\Gamma(\lambda) = \lambda\,\Gamma(\lambda)\,\Re \qquad (9)$$

und

$$\Gamma(\lambda_2) - \Gamma(\lambda_1) = (\lambda_2 - \lambda_1)\,\Gamma(\lambda_1)\,\Gamma(\lambda_2) = (\lambda_2 - \lambda_1)\,\Gamma(\lambda_2)\,\Gamma(\lambda_1). \qquad (10)$$

Für $\Gamma(\lambda)$ kann man noch allgemeinere Darstellungen, als sie (6) entsprechen, finden. Ist $\Sigma\,C_k\,\lambda^k$ eine für kleine $|\lambda|$ konvergente Potenzreihe, so definiere die Rekursionsformel

$$\mathfrak{C}_n = C_n\,\Re + \Re\,\mathfrak{C}_{n-1} \text{ mit } \mathfrak{C}_0 = C_0\,\Re \qquad (11)$$

eine Folge von Integraloperatoren $\mathfrak{C}_n$. Nach [26], S. 519 gilt dann

$$\Gamma(\lambda) = \left(\sum_{k=0}^{\infty} C_k\,\lambda^k\right)^{-1} \sum_{n=0}^{\infty} \mathfrak{C}_n\,\lambda^n. \qquad (12)$$

Ohne Beschränkung der Allgemeinheit darf $C_0 = 1$ gesetzt werden. Es ist dann $\mathfrak{C}_0 = \Re$.

Für $\Sigma\,C_k\,\lambda^k = D(\lambda)$ entspricht (12) der Darstellung (4), so daß also die Rekursionsformeln (11) sich auch auf die Kerne $D_n(s, t)$ und die Koeffizienten D_k beziehen lassen. Für $C_0 = 1$, $C_i = 0$ für $i \geq 1$ findet man die sogenannte Neumannsche Reihe

$$\Gamma(\lambda) = \sum_{n=0}^{\infty} \Re^n\,\lambda^{n-1}, \qquad (13)$$

die zumindest für kleine $|\lambda|$ konvergiert.

§ 3. Orthogonale und biorthogonale Systeme von Funktionen; die Nullstellen der Fredholmschen Determinante.

Zwei für $a \leq s \leq b$ definierte Funktionen $f(s)$ und $g(s)$ heißen orthogonal, wenn der Ausdruck

$$(f, g) = \int_a^b f(s)\,g(s)\,ds = 0$$

ist. Eine Folge $f_1(s), f_2(s), \ldots, f_n(s), \ldots$ wird als ein Orthogonalsystem bezeichnet, wenn $(f_i, f_k) = 0$ für $i \neq k$ für alle Paare i, k ist. Gilt sogar $(f_i, f_k) = \delta_{ik}$, wobei δ_{ik} das Kroneckersche Symbol bedeutet, also $\delta_{ik} = 0$ für $i \neq k$ und $\delta_{kk} = 1$ ist, so sprechen wir von einem normierten Orthogonalsystem oder einem Orthonormalsystem. Zwei Folgen $f_1(s), f_2(s), \ldots, f_n(s), \ldots; g_1(s), g_2(s), \ldots, g_n(s), \ldots$ werden als Biorthogonalsystem bezeichnet, wenn $(f_i, g_k) = \delta_{ik}$ für $i \neq k$ gilt. Ist außerdem $(f_i, g_i) = \delta_{ii} = 1$, so sprechen wir von einem Biorthonormalsystem. Bildet die Folge $f_1, f_2, \ldots$ mit den dazu konjugiert komplexen Funktionen $\bar{f}_1, \bar{f}_2, \ldots$ ein Biorthogonalsystem, so spricht man oft auch nur vom „Orthogonalsystem" $f_1, f_2, \ldots$. Sind alle Funktionen f_i reell, so handelt es sich um ein Orthogonalsystem im oben erklärten Sinne. Ein Orthogonalsystem $f_1, f_2, \ldots$ heißt vollständig, wenn aus $(f, f_i) = 0$ für alle Werte von i folgt, daß $f \equiv 0$ ist.

Dies vorausgeschickt, wenden wir uns jetzt den Nullstellen der Fredholmschen Determinante zu. Nur wenn $D(\lambda) = 0$ ist, kann eine nichttriviale Lösung der homogenen Integralgleichungen

$$\varphi = \lambda \, \Re \, \varphi \tag{1}$$

$$\psi = \lambda \, \Re' \, \psi \tag{2}$$

existieren. Die Nullstellen von $D(\lambda)$ heißen Eigenwerte des Kerns $K(s, t)$. Es sei $\lambda = \mu$ eine ϱ-fache Nullstelle von $D(\lambda)$. Dann kann man $\Gamma(\lambda)$ zerlegen gemäß

$$\Gamma(\lambda) = \mathfrak{A}(\lambda) + \mathfrak{B}(\lambda) \tag{3}$$

mit dem zu $\mathfrak{A}(\lambda)$ gehörigen Kern

$$A(s, t; \lambda) = \sum_{k=1}^{\nu} \frac{\alpha_k{}'(s, t)}{(\lambda - \mu)^k} \, , \; \nu \leqq \varrho; \; \alpha_\nu(s, t) \not\equiv 0 \tag{4}$$

mit

$$\alpha_k(s, t) = \frac{1}{2\pi i} \oint_{\mathfrak{C}} \Gamma(s, t; \lambda) (\lambda - \mu)^{k-1} \, d\lambda, \; (\equiv 0 \text{ für } k > \nu), \tag{5}$$

wobei $\mathfrak{C}$ ein die Stelle μ genügend eng umschlingender Integrationsweg ist. Der zu $\mathfrak{B}(\lambda)$ gehörige Kern $B(s, t; \lambda)$ ist regulär für $\lambda = \mu$. Aus der Identität (§ 2, 10) und aus (3) bis (5) folgt

$$\mathfrak{A}(\lambda) \, \mathfrak{B}(\lambda') = \mathfrak{B}(\lambda') \, \mathfrak{A}(\lambda) = 0. \tag{6}$$

Man nennt zwei Kerne, deren Integraloperatoren ein verschwindendes Produkt unabhängig von ihrer Reihenfolge bilden, orthogonal. Demnach gehören insbesondere zu $\mathfrak{A} = \mathfrak{A}(0)$, $\mathfrak{B} = \mathfrak{B}(0)$ zwei zueinander orthogonale Kerne, und

$$\Gamma(0) = \Re = \mathfrak{A} + \mathfrak{B} \tag{7}$$

kennzeichnet eine Zerlegung von $K(s, t)$ in die zueinander orthogonalen Kerne $A(s, t) = A(s, t; 0)$ und $B(s, t) = B(s, t; 0)$. Man kann auch von der Orthogonalität der zugehörigen Integraloperatoren sprechen.

Über orthogonale Kerne sagt ein bekannter Satz von Goursat und Heywood:

Der reziproke Kern der Summe der Kerne ist gleich der Summe der reziproken Kerne der Summanden. Das Produkt der Fredholmschen Determinante der Kerne ist die Fredholmsche Determinante ihres Produktes.

Die Zerlegung (7) besitzt außer der Orthogonalität von A und B noch andere bemerkenswerte Eigenschaften. Die reziproken Kerne von A und B sind nämlich die Funktionen $A(s, t; \lambda)$ und $B(s, t; \lambda)$. Demnach besitzt $A(s, t)$ den Wert $\lambda = \mu$ als einzigen Eigenwert. Genau alle anderen Eigenwerte von $K(s, t)$ bilden die sämtlichen Eigenwerte von $B(s, t)$. Wir nennen $A(s, t)$ den zu μ gehörigen kanonischen Kern.

Von besonderer Wichtigkeit ist noch die Struktur der Funktion $A(s, t)$. Man darf schreiben

$$A(s, t) = \sum_{i,k=1}^{\varrho} a_{ik}\,\varphi_i(s)\,\psi_k(t);\quad a_{ik} = 0 \text{ für } i < k, \tag{8}$$

wobei die zulässigen Funktionen $\varphi_i(s)$ und $\psi_k(t)$ ein biorthonormales System bilden, also die Relationen $(\varphi_i, \psi_k) = \delta_{ik}$ erfüllen. Die Koeffizienten a_{ik} bilden eine Dreiecks-Matrix.

Falls $\nu = 1$ in (4) ist, wird aus der Matrix (a_{ik}) eine reine Diagonalmatrix.

Wenn eine Funktion $F(s, t)$ in der Gestalt $F(s, t) = \sum_{k=1}^{m} f_k(s)\,g_k(t)$ geschrieben werden kann, so wird sie als *entartet* oder als *von endlichem Rang* bezeichnet. Demnach ist $A(s, t)$ ein entarteter Kern von besonderer Struktur. Eine Darstellung (8) gilt primär bereits für die Koeffizienten α_k der Entwicklung (4). Entartete Kerne sind theoretisch und auch praktisch von besonderer Bedeutung. Wir kommen darauf noch zurück.

Setzt man $\lambda = \mu$ in (1) und schreibt man die Gleichung in der Form
$$(1 - \mu\,\mathfrak{B})\,\varphi = \mu\,\mathfrak{A}\,\varphi,$$
so folgt

$$\varphi = \mu\,\mathfrak{A}\,\varphi + \mu^2\,\mathfrak{B}(\mu)\,\mathfrak{A}\,\varphi = \mu\,\mathfrak{A}\,\varphi. \tag{9}$$

Umgekehrt folgt (1) aus (9).

Die Lösungen der Gleichungen (1) und (2) für $\lambda = \mu$ heißen Eigenfunktionen von $K(s, t)$ oder $\mathfrak{K}$ bzw. $K(t, s)$ oder $\mathfrak{K}'$. Es gibt für beide Gleichungen die gleiche Anzahl ϱ' linear unabhängiger Lösungen. Stets ist $1 \leqq \varrho' \leqq \varrho$. Wir nennen ϱ' die *Eigenwertordnung*, ϱ die *Nullstellenordnung* von μ. Die Lösungen sind zulässige Funktionen.

Die inhomogene Gleichung $(1 - \mu\,\mathfrak{K})\,y = f$ ist dann und nur dann lösbar, wenn f orthogonal zu den Eigenfunktionen ψ des Kerns $K(t, s)$ und des Eigenwerts μ, wenn also $(f, \psi) = 0$ ist. Die Lösung ist bis auf eine Linearkombination aus den Lösungen φ der Gleichung (1) eindeutig.

Aus den Gleichungen $\varphi = \lambda_1 \, \mathfrak{K} \, \varphi$ und $\psi = \lambda_2 \, \mathfrak{K}' \, \psi$ folgt $(\varphi, \psi) = 0$ für $\lambda_1 \neq \lambda_2$. Die Eigenfunktionen nach (1) für verschiedene Eigenwerte μ sind stets linear unabhängig. Das gleiche gilt mit Bezug auf (2).

Ist μ kein Eigenwert von $\mathfrak{K}$, so gehört zum Integraloperator $\varGamma(\mu)$ der reziproke Kern mit dem Operator $\varGamma(\lambda + \mu)$. Alle Eigenwerte von $\varGamma(\mu)$ ergeben sich aus denen von $\mathfrak{K}$ durch Subtraktion von μ.

Mit Bezug auf den oben erklärten Ausdruck (f, g) sei noch eine einfache, aber nützliche Relation für den Fall notiert, daß $f = \mathfrak{A} \, u, \, g = \mathfrak{B} \, v$ mit den in § 1 erklärten Operatoren $\mathfrak{A}$ und $\mathfrak{B}$ ist. Es ist dann

$$(\mathfrak{A} \, u, \, \mathfrak{B} \, v) = (u, \, \mathfrak{A}' \, \mathfrak{B} \, v). \tag{10}$$

§ 4. Spezielle Integraloperatoren.

Wenn $K(s, t) = 0$ für $t > s$ gilt, wird K ein Volterrascher Kern genannt. Die Gleichung (§ 1, 1) läßt sich dann auch in der Gestalt

$$y(s) = \int\limits_a^s K(s, t) \, y(t) \, dt + f(s)$$

schreiben. Ein Volterrascher Kern, der nicht identisch verschwindet, besitzt keinen Eigenwert. Die Neumannsche Reihe konvergiert in der ganzen λ-Ebene.

Einen wichtigen Typ bilden die Operatoren $\mathfrak{K}$ mit der Eigenschaft $\mathfrak{K} \, \bar{\mathfrak{K}}' = \bar{\mathfrak{K}}' \, \mathfrak{K}$. Man nennt sie normal. Bei ihnen besitzt der entartete Kern $A(s, t)$ in der Aufspaltung (§ 3, 7) die einfache Gestalt $A(s, t) = \sum\limits_{i=1}^{\varrho} \varphi_i(s) \, \psi_i(t)$. Der reziproke Kern besitzt an den Nullstellen der Fredholmschen Determinante lauter einfache Pole. Die Funktionen φ_i und ψ_i sind Eigenfunktionen von $\mathfrak{K}$ bzw. $\mathfrak{K}'$. Die Anzahl linear unabhängiger Eigenfunktionen ist gleich der Nullstellenordnung des Eigenwerts. Das wichtigste Beispiel normaler Operatoren bilden die Hermiteschen Operatoren, die durch $\mathfrak{K} = \bar{\mathfrak{K}}'$ gekennzeichnet sind. Ist $K(s, t) \not\equiv 0$, so existiert mindestens ein Eigenwert. Alle Eigenwerte sind reell. Die reellen und symmetrischen Kerne $K(s, t) = K(t, s)$ bilden einen Spezialfall der Hermiteschen.

Dies vorausgeschickt, betrachten wir den Integralausdruck

$$J(u) = (\bar{u}, \mathfrak{K} \, u) = \int\limits_a^b \int\limits_a^b K(s, t) \, \bar{u}(s) \, u(t) \, ds \, dt.$$

Bei Hermiteschen Operatoren ist

$$J(u) = (u, \mathfrak{K} \, u) = (\mathfrak{K} \, u, \, u) = (u, \mathfrak{K}' \, u) = (\bar{u}, \mathfrak{K} \, u) = \overline{J(u)}$$

auf Grund von (§ 3, 10). $J(u)$ ist also reell. Ist stets $J(u) \geq 0$, so heißt $K(s, t)$ oder $\mathfrak{K}$ positiv definit, ist stets $J \leq 0$, so heißt $K(s, t)$ negativ definit. Diese Begriffsbestimmung bezieht sich auf *Hermitesche* Kerne.

Ordnet man die Eigenwerte eines *normalen* Kerns $K(s, t)$ nach wachsendem absoluten Betrag

$$\lambda_1, \lambda_2, \ldots; \quad |\lambda_i| \leq |\lambda_k| \quad \text{für } i < k, \tag{1}$$

und setzt man jeden so oft als seine Ordnung als Nullstelle von $D(\lambda)$ beträgt, so gibt es zu (1) eine korrespondierende Folge von Eigenfunktionen von $\Re$

$$y_1, y_2, \ldots, \tag{2}$$

so daß

$$y_k = \lambda_k \, \Re \, y_k \tag{3}$$

und

$$(\bar{y}_i, \, y_k) = \delta_{ik} \tag{4}$$

ist. Mit Bezug auf den oben eingeführten Integralausdruck J gilt dann (vgl. auch [61], S. 191) das Hilbertsche Fundamentaltheorem

$$J(u) = \sum_{k=1}^{\infty} \frac{(\bar{u}, \, y_k)\,(u, \, y_k)}{\lambda_k} = \sum_{k=1}^{\infty} \frac{|(u, \, y_k)|^2}{\lambda_k}. \tag{5}$$

Für Hermitesche Kerne geht hieraus hervor, daß zu positiven Eigenwerten ein positiv definiter Kern gehört. Die Umkehrung ist ohnedies klar. Entsprechendes gilt für negativ definite Kerne.

Mit Bezug auf *normale* und *stetige* Kerne gelten ferner die folgenden Entwicklungssätze (vgl. auch [61], S. 303—305):

Die Reihe

$$K^{(n)}(s, t) = \sum_{k=1}^{\infty} \frac{y_k(s)\,\bar{y}_k(t)}{\lambda_k^n}; \quad n = 2, 3, \ldots \tag{6}$$

konvergiert gleichmäßig und absolut im Intervall $\langle a, b \rangle$ und stellt dort den iterierten Kern $K^{(n)}(s, t)$ dar.

Konvergiert die Reihe für $n = 1$ gleichmäßig, so stellt sie den Kern dar. Sind alle Eigenwerte reell und fast alle eines Vorzeichens, so konvergiert die Reihe für $n = 1$ absolut und gleichmäßig (*Satz von Mercer*).

Es sei eine Funktion $g(s)$ „quellenmäßig", d. h. in der Form $g = \Re \, h$ mit h als zulässiger Funktion dargestellt. Dann läßt sich $g(s)$ in eine Reihe nach den Eigenfunktionen von $\Re$ entwickeln. Es ist

$$g(s) = \sum_{k=1}^{\infty} c_k \, y_k(s); \; c_k = (g, \bar{y}_k). \tag{7}$$

Die Reihe (7) konvergiert absolut und gleichmäßig.

Ist λ kein Eigenwert, so besitzt die Gleichung $y = \lambda \, \Re \, y + g$ die Lösung

$$y(s) = g(s) + \lambda \sum_{k=1}^{\infty} \frac{c_k}{\lambda_k - \lambda} \, y_k(s), \tag{8}$$

die auch *Schmidtsche Reihe* genannt wird.

In jedem Falle läßt der reziproke Kern die Partialbruchentwicklung

$$\Gamma(s, t; \lambda) = K(s, t) + \lambda \sum_{k=1}^{\infty} \frac{y_k(s)\, \bar{y}_k(t)}{\lambda_k(\lambda_k - \lambda)} \tag{9}$$

zu. Für den zu $\mu = \lambda_k$ gehörigen Kern $A(s, t)$ der Aufspaltung (§ 3, 7) gilt insbesondere

$$A(s, t) = \frac{1}{\lambda_k} \sum_{\lambda_i = \mu} y_i(s)\, \bar{y}_i(t). \tag{10}$$

Für einen reellen und symmetrischen Kern lassen sich reelle Eigenfunktionen $y_1, y_2, \ldots$ so bestimmen, daß die Relationen (4) erfüllt sind. Aus diesem Grunde werden die Eigenfunktionen (2) beim reellen symmetrischen Kern später als *reell* vorausgesetzt.

Unter den reellen unsymmetrischen Kernen gibt es noch eine wichtige, in den Anwendungen auftretende Klasse, bei der $K(s, t) = L(s, t)p(t)$ mit L als reellem symmetrischem Kern und $p(t) \geqq 0$ ist. Dieser Kern ist in dem Sinne symmetrisierbar, daß man die Integralgleichung $y(s) = \lambda \int_a^b L(s, t)\, p(t)\, y(t)\, dt + f(s)$ durch die Transformation $z(s) = y(s)\, \sqrt{p(s)}$ in die Integralgleichung $z(s) = \lambda \int_a^b L(s, t)\, \sqrt{p(s)\, p(t)}\, z(t)\, dt + f(s)\, \sqrt{p(s)}$ mit einem offensichtlich symmetrischen Kern überführen kann. Die Kerne $L(s, t)\, p(t)$ und $L(s, t)\, \sqrt{p(s)\, p(t)}$ besitzen daher die gleichen Eigenwerte. Ihre Eigenfunktionen unterscheiden sich um den Faktor $\sqrt{p(s)}$.

§ 5. Zusammengesetzte Operatoren.

Es seien $\Re_1, \Re_2, \ldots, \Re_r$ irgendwelche Integraloperatoren. Mit Hilfe von r nicht verschwindenden komplexen Zahlen $\alpha_1, \alpha_2, \ldots, \alpha_r$ bilden wir das Produkt

$$(\Re_1 - \alpha_1)(\Re_2 - \alpha_2) \ldots (\Re_r - \alpha_r) = \mathfrak{L} - \alpha, \tag{1}$$

$$\alpha = (-1)^{r+1}\, \alpha_1 \alpha_2 \ldots \alpha_r \neq 0,$$

wodurch ein Integraloperator $\mathfrak{L}$ erklärt ist. Nunmehr sei angenommen, daß α einen reziproken Eigenwert von $\mathfrak{L}$ bilde, daß also eine Funktion $y \not\equiv 0$ gemäß $\mathfrak{L}\, y = \alpha\, y$ existiere. Hieraus folgt die Existenz eines Index ν, so daß

$$\left. \begin{array}{l} z = (\Re_{\nu+1} - \alpha_{\nu+1})(\Re_{\nu+2} - \alpha_{\nu+2}) \ldots (\Re_r - \alpha_r)\, y \not\equiv 0 \\[4pt] (\Re_\nu - \alpha_\nu)\, z = 0 \end{array} \right\} \tag{2}$$

ist. Ist also α ein reziproker Eigenwert von $\mathfrak{L}$, so ist mindestens eine der Zahlen α_ν ein reziproker Eigenwert von $\mathfrak{K}_\nu$. Hiervon gilt auch die Umkehrung. Ist nämlich α_ν derjenige reziproke Eigenwert, für den ν maximal ist, so kann man (2) nach y auflösen.

Von besonderer Wichtigkeit ist der Fall $\mathfrak{K}_1 = \mathfrak{K}_2 = \cdots \mathfrak{K}_r = \mathfrak{K}$. Dann läßt sich $\mathfrak{L}$ auf die Form $\sum\limits_{k=1}^{r} p_k\,\mathfrak{K}^k$ mit irgenwelchen komplexen Koeffizienten p_k bringen. Kennzeichnet $p(x) = \sum\limits_{k=1}^{r} p_k\,x^k$ ein gewöhnliches Polynom mit diesen Koeffizienten, so schreibt man oft auch

$$\mathfrak{L} = p(\mathfrak{K}) = \sum\limits_{k=1}^{r} p_k\,\mathfrak{K}^k. \tag{3}$$

$\mathfrak{L}$ wird als Polynomoperator bezeichnet. Zu jedem reziproken Eigenwert α von $\mathfrak{L}$ läßt sich eine Zerlegung (1) finden. Aus (2) folgt dann $(\mathfrak{K} - \alpha_\nu)\,z = 0$ und daher

$$\alpha = p(\varkappa) \tag{4}$$

für einen geeigneten reziproken Eigenwert $\varkappa$ von $\mathfrak{K}$. Die Umkehrung hiervon ist trivial; es kann aber vorkommen, daß $\alpha = 0$ für gewisse reziproke Eigenwerte $\varkappa$ ist. In diesem Falle gilt $\mathfrak{L}\,y = 0$ für die zu $\varkappa$ gehörige Eigenfunktion von $\mathfrak{K}$.

Für reelle und symmetrische Integraloperatoren findet man das Ergebnis (4) in [18], S. 132, 133 beschrieben. Für ganz allgemeine Operatoren wurde es von T. Sato [60] und St. Fenyö [23] abgeleitet. Es gilt unter den Voraussetzungen des § 1.

Neben Polynomoperatoren spielen neuerdings auch sogenannte *gebrochene* Operatoren eine Rolle bei der numerischen Behandlung der Integralgleichungen. Sei außer $\mathfrak{L} = p(\mathfrak{K})$ ein weiterer Polynomoperator durch $\mathfrak{M} = q(\mathfrak{K})$ mit einem Polynom $q(x) = \sum\limits_{k=1}^{\varrho} q_k\,x^k$ gegeben. Sei ferner Eins kein Eigenwert von $\mathfrak{M}$. Dann existiert der zu $(1 - \mathfrak{M})$ reziproke Operator. Wir bezeichnen ihn mit $(1 - \mathfrak{M})^{-1}$. Dann ist $\mathfrak{H} = p(\mathfrak{K})\,(1 - q(\mathfrak{K}))^{-1}$ ein sogenannter gebrochener Operator. Ist α ein reziproker Eigenwert von $\mathfrak{H}$ und y eine zugehörige Eigenfunktion, so gilt

$$\mathfrak{H}\,y = \alpha\,y,\quad \mathfrak{L}\,y = \alpha\,(1 - \mathfrak{M})\,y,\quad (\mathfrak{L} + \alpha\,\mathfrak{M})\,y = \alpha\,y. \tag{5}$$

Aus (4) folgt dann, daß

$$\alpha = p(\varkappa)\,(1 - q(\varkappa))^{-1} \tag{6}$$

mit Bezug auf einen geeigneten reziproken Eigenwert $\varkappa$ von $\mathfrak{K}$ ist. Hiervon gilt auch die Umkehrung in dem für (4) erläuterten Sinne.

II. Abschnitt.

Die Berechnung von Eigenwerten mit Hilfe von Formeln und Variationsprinzipien. Einschließungssätze.

In diesem Abschnitt werden praktische Methoden zusammengestellt, die an bekannte Formeln für die Eigenwerte anknüpfen. Ferner werden Variationsprinzipien und Einschließungssätze beschrieben. Eine scharfe Abgrenzung der Einschließungssätze gegenüber den im III. Abschnitt behandelten Iterationsverfahren ist jedoch nicht möglich.

Der Einfachheit halber werden von nun ab zugleich auch für alle weiteren Abschnitte die Integrationsgrenzen $a = 0$ und $b = 1$ gesetzt, so daß die Integralgleichung (I, § 1, 1) die Form

$$y(s) = \lambda \int\limits_0^1 K(s, t)\, y(t)\, dt + f(s)$$

annimmt.

§ 6. Berechnung der Eigenwerte aus der Fredholmschen Determinante.

Die Eigenwerte bilden die Nullstellen von $D(\lambda)$. Sie seien nach wachsendem absolutem Betrag geordnet

$$\lambda_1, \lambda_2, \ldots, \tag{1}$$

wobei also $|\lambda_i| \leq |\lambda_k|$ für $i < k$ ist. Jeder Eigenwert soll so oft in der Folge (1) stehen, als seine Nullstellenordnung anzeigt. Sind nur reelle Eigenwerte vorhanden, so sollen die positiven den negativen gleichen Betrages vorangehen.

Es liegt nahe, $D(\lambda)$ durch Funktionen von λ zu approximieren, deren Nullstellen einfacher berechnet werden können. Es sei $D^{[1]}(\lambda), D^{[2]}(\lambda), \ldots, D^{[n]}(\lambda), \ldots$ eine Folge ganzer Funktionen, so daß

$$\lim_{n \to \infty} D^{[n]}(\lambda) = D(\lambda) \tag{2}$$

im Sinne gleichmäßiger Konvergenz für jeden ganz im Endlichen liegenden Bereich der komplexen λ-Ebene ist. Hieraus folgt

$$\lim_{n \to \infty} D^{[n]\prime}(\lambda) = D'(\lambda) \tag{2'}$$

ebenfalls im Sinne gleichmäßiger Konvergenz. Ist dann $\mathfrak{C}$ ein endlicher, geschlossener, doppelpunktfreier Integrationsweg, auf dem $D(\lambda)$ nicht verschwindet, so muß

$$\lim_{n \to \infty} \int\limits_{\mathfrak{C}} \frac{D^{[n]\prime}(\lambda)}{D^{[n]}(\lambda)}\, d\lambda = \int\limits_{\mathfrak{C}} \frac{D'(\lambda)}{D(\lambda)}\, d\lambda$$

sein. *Daher besitzen fast alle $D^{[n]}(\lambda)$ die gleiche Anzahl von Nullstellen innerhalb $\mathfrak{C}$ wie $D(\lambda)$.* Nun ordne man jedem λ_i der Folge (1) eine kreisförmige Umgebung U_i so zu, daß $U_i = U_k$ für $\lambda_i = \lambda_k$ und U_i fremd zu U_k für $\lambda_i \neq \lambda_k$ ist. Sodann zähle man die Nullstellen von $D^{[n]}(\lambda)$ ihrer Vielfachheit entsprechend so ab, daß eine Folge $\lambda_1^{(n)}, \lambda_2^{(n)}, \ldots,$ $\lambda_k^{(n)}, \ldots$ entsteht, in der die Nullstellen aus U_i vor denen aus U_{i+1} und für $i < n$ vor den in keiner Umgebung gelegenen Nullstellen rangieren. Dann gilt, falls λ_k existiert,

$$\lim_{n \to \infty} \lambda_k^{(n)} = \lambda_k \tag{3}$$

als Folge der obigen Nullstellenaussage. Diese Schlußweise ist im wesentlichen bereits von D. Hilbert [33] im Zusammenhang mit Integralgleichungen angewendet worden.

Man kann nun speziell die Funktionen

$$D^{[n]}(\lambda) = \sum_{\nu=0}^{n} \frac{D_\nu}{\nu!} (-1)^\nu \lambda^\nu \tag{4}$$

wählen, um in ihren Nullstellen Näherungen für die Eigenwerte zu finden. Die Koeffizienten D_ν kann man auf Grund der Formeln (I, § 2, 3) und (I, § 2, 11) rekursiv ermitteln. Es ist

$$D_{\nu+1} = \int_0^1 D_\nu(s,s)\, ds, \quad D_\nu(s,t) = D_\nu K(s,t) - \nu \int_0^1 K(s,\tau)\, D_{\nu-1}(\tau,t)\, d\tau. \tag{5}$$

Nur eine *Umschreibung* der Gleichung $D^{[n]}(\lambda) = 0$ ist das Gleichungssystem

$$\sum_{\nu_1 < \nu_2 < \ldots} \frac{1}{\lambda_{\nu_1}^{(n)} \lambda_{\nu_2}^{(n)} \ldots \lambda_{\nu_k}^{(n)}} = \frac{D_k}{k!}; \quad k = 1, 2, \ldots n \tag{6}$$

für die n Unbekannten $\lambda_1^{(n)}, \lambda_2^{(n)}, \ldots, \lambda_n^{(n)}$. Das transfinite Analogon zu (6) ist die Formel

$$\sum_{\nu_1 < \nu_2 < \ldots}^{\infty} \frac{1}{\lambda_{\nu_1} \lambda_{\nu_2} \ldots \lambda_{\nu_k}} = \frac{D_k}{k!}, \tag{7}$$

die für $k = 1$ in

$$\sum_{\nu=1}^{\infty} \frac{1}{\lambda_\nu} = D_1 \tag{7'}$$

übergeht. Aber die Reihen (7) konvergieren nicht in jedem Falle. Hinreichend für die Gültigkeit der Formeln ist die absolute Konvergenz der Reihe (7'), die z. B. für definite Hermitesche Kerne eintritt.

Man kann jedes Produkt $\lambda_{\nu_1} \lambda_{\nu_2} \ldots \lambda_{\nu_k}$ in (7) als Eigenwert eines Kerns in $2k$ Variablen, nämlich des sogenannten assoziierten Kerns

$$\frac{1}{k!} K \begin{pmatrix} s_1, s_2, \ldots s_k \\ t_1, t_2, \ldots t_k \end{pmatrix}$$

interpretieren (vgl. die Formeln (I, § 2, 1, 2, 3) und I. Schur [65]). Die Formel (7) ist dann nichts anderes als die auf den assoziierten Kern angewandte Formel (7'). Auf dem Wege über die assoziierten Kerne gelangt R. C. H. Howland [35] zu den Gleichungen (6). K. Hohenemser ([34], S. 13) weist auf die Ungleichungen

$$\lambda_1 \lambda_2 \ldots \lambda_k \geq \frac{k!}{D_k} \tag{8}$$

hin, die man zur Abschätzung von Eigenwerten benutzen kann. Diese Ungleichungen sind — falls etwa nur positive Eigenwerte existieren — eine Folge von (6) und (3), gehen also im Grunde auf die Berechnung von Eigenwerten als Nullstellen der Funktionen (4) zurück.

1. Beispiel:

Sei $K(s, t) = \mathrm{Min}\,(s, t)$. Dieser Kern tritt bei den Untersuchungen der Drehschwingungen eines homogenen Stabes auf, der an einem Ende gehalten, am anderen frei ist (vgl. [34], S. 49 ff.). Die Eigenwerte und unnormierten Eigenfunktionen sind

$$\lambda_k = \left(\frac{2k-1}{2}\pi\right)^3, \quad y_k = \sin \sqrt{\lambda_k}\, s; \quad k = 1, 2, \ldots .$$

Die Fredholmsche Determinante ist $D(\lambda) = \sum_{v=0}^{\infty} \frac{(-\lambda)^v}{(2v)!}$. Wir nehmen für $D^{(n)}(\lambda)$ den n. Abschnitt dieser Potenzreihe. Dann ergibt die numerische Rechnung die folgende Tabelle für $\lambda_k^{(n)}$ und λ_k:

		$k = 1$	$k = 2$	$k = 3$
$\lambda_k^{(n)}$	$n = 1$	2	—	—
	$n = 2$	2,54 ...	9,46	—
	$n = 3$	2,4646 ...	13,76 + 10,12 i	13,76 − 10,12 i
	λ_k	2,4674 ...	22,2066 ...	61,6850 ...

Man erkennt, daß bis zu $n = 3$ nur der 1. Eigenwert sinnfällig approximiert wird. Das Paar konjugiert komplexer Wurzeln für $n = 3$ und der Wert $\lambda_2^{(2)}$ werden den Rechner mit Mißtrauen gegen die Spalten für $k = 2$ und $k = 3$ erfüllen.

§ 7. Die Potenzsummen der reziproken Eigenwerte.

Nach Schur gilt im Falle eines beliebigen Kernes

$$\sum_{v=1}^{\infty} \frac{1}{|\lambda_v|^2} \leq \int_0^1 \int_0^1 |K(s, t)|^2 \, ds\, dt \tag{1}$$

mit Bezug auf die Folge (§ 6, 1) (vgl. [30], S. 1550). Zusammen mit den entsprechenden Gleichungen für die iterierten Kerne

$$\sum_{v=1}^{\infty} \frac{1}{|\lambda_v|^{2m}} \leq \int_0^1 \int_0^1 |K^{(m)}(s, t)|^2 \, ds\, dt \tag{2}$$

ermöglicht dies Abschätzungen und Einschließungen der $|\lambda_\nu|$. Eine *Verschärfung der Relationen* (1), (2) ergibt sich im Falle eines *normalen* Kerns. An die Stelle der Ungleichungen (2) treten dann die aus (I, § 4, 6) folgenden Gleichungen

$$\sum_{\nu=1}^{\infty} \frac{1}{\lambda_\nu^m} = \int_0^1 K^{(m)}(s,s)\, ds = S_m \tag{3}$$

wobei der Fall $m = 1$ gewiß zulässig ist, wenn die Bilinearreihe (I, § 4, 6) den Kern $K(s, t)$ darstellt.

Zwischen den sogenannten Spuren S_m der iterierten Kerne $K^{(m)}(s, t)$ und den Koeffizienten D_m der Fredholmschen Determinante $D(\lambda)$ bestehen einfache Beziehungen. Aus (I, § 2, 1 bis § 2, 6 und § 2, 13) folgt zumindest für kleine $|\lambda|$

$$\int_0^1 \Gamma(s, s; \lambda)\, ds = \sum_{m=1}^{\infty} S_m \lambda^{m-1} = -\frac{D'(\lambda)}{D(\lambda)}. \tag{4}$$

Hieraus ergibt sich durch Multiplikation mit $D(\lambda)$ und durch Koeffizientenvergleich

$$m\frac{D_m}{m!} = \frac{D_{m-1}}{(m-1)!} S_1 - \frac{D_{m-2}}{(m-2)!} S_2 + - \ldots + (-1)^{m-1} S_m. \tag{5}$$

Beim Gleichungssystem (§ 6, 6) erscheinen die Koeffizienten $\frac{D_k}{k!}$ als die *elementarsymmetrischen Funktionen* von $\frac{1}{\lambda_1^{(n)}}, \frac{1}{\lambda_2^{(n)}}, \ldots, \frac{1}{\lambda_n^{(n)}}$. Aus (§ 6, 6) und aus (5) folgt dann

$$\sum_{\nu=1}^{n} \frac{1}{(\lambda_\nu^{(n)})^m} = S_m; \quad m = 1, 2, \ldots n; \tag{6}$$

denn (5) ist nichts anderes als die bekannte Identität zwischen den elementarsymmetrischen Funktionen und den Potenzsummen. Die Gleichung (§ 6, 6) und das System (6) liefern die gleichen Näherungen für die Eigenwerte. Es ergibt sich also nichts Neues gegenüber § 6, wenn man die Gleichungen (3) durch den Ansatz (6) näherungsweise lösen will. Bemerkenswert ist übrigens, daß das Näherungsverfahren der Gleichungen (6) mit hinreichend großen n zu brauchbaren Näherungen für die Eigenwerte führen muß, auch wenn etwa die Reihe (3) für $m = 1$ als transfinites Analogon der letzten Gleichung in (6) divergieren sollte.

Man kann an Stelle von (6) ein einfacher gebautes Gleichungssystem betrachten, nämlich

$$\frac{1}{\varLambda_1^m} = S_m$$

$$\frac{1}{\varLambda_2^{m-1}} + \frac{1}{\varLambda_1^{m-1}} = S_{m-1} \qquad (7)$$

$$\cdot \ \cdot \ \cdot \ \cdot \ \cdot \ \cdot \ \cdot \ \cdot \ \cdot \ \cdot \ \cdot \ \cdot \ \cdot$$

$$\frac{1}{\varLambda_m} + \cdots + \frac{1}{\varLambda_2} + \frac{1}{\varLambda_1} = S_1$$

Seine Aufstellung ist an die Erwartung geknüpft, daß der Einfluß des Eigenwertes λ_k in der Potenzsumme S_m gegenüber den ihm in der Folge (§ 6, 1) vorangehenden Eigenwerten mit wachsendem m immer kleiner werde. Indes kann es vorkommen, daß die Lösung von (7) keineswegs die Ungleichungen $|\varLambda_1| < |\varLambda_2| < \cdots < |\varLambda_m|$ befriedigt, die die Aufstellung jenes Systems plausibel machen. In diesem Fall sollte man die Rechnung mit dem ersten Wert $\varLambda_k$ beenden, auf den ein Wert $\varLambda_{k+1}$ von kleinerem oder gleichem absoluten Betrage folgt. Damit ist zugleich eine Verallgemeinerung von (7) und im übrigen auch von (6) nahegelegt, nämlich statt der Gleichungen, in denen die Spuren $S_1, S_2, \ldots, S_m$ vorkommen, m andere Gleichungen mit irgendwelchen Spuren S_{i1}, $S_{i2}, \ldots, S_{im}$ und den entsprechenden Potenzsummen der reziproken Näherungseigenwerte zu betrachten. Theoretische Untersuchungen über das System (7) und seine Verallgemeinerungen scheinen noch nicht vorzuliegen. Daher sei die Methode an einem Beispiel illustriert.

2. Beispiel:

Wir wählen den Kern $K(s, t) = \mathrm{Min}\,(s, t)$, wie er schon im 1. Beispiel (§ 6) vorkommt. Die Spuren berechnen sich zu $S_1 = 1/2$, $S_2 = 1/6$, $S_3 = 1/15$, $S_4 = 17/630$. Bis hierher ist die Arbeit einer direkten Berechnung der Spuren durch Ausführung der Kerniterationen durchaus erträglich. Kennzeichnet man die Lösungen von (7) durch $\varLambda_k^{(m)}$, ergibt sich die folgende Tabelle:

		$k = 1$	$k = 2$	$k = 3$	$k = 4$
	$m = 1$	2			
	$m = 2$	2,45	10,9		
$\varLambda_k^{(m)}$	$m = 3$	2,466	21,05	$< \varLambda_2^{(3)}$	
	$m = 4$	2,4673	22,43	49,26	$< \varLambda_3^{(4)}$
	λ_k	2,4674	22,2066	61,6850	

Soweit vergleichbar, sind die Näherungen dieser Tabelle besser als diejenigen des 1. Beispiels. Außerdem sind noch zwei wesentliche Eigenschaften des Systems (7) zu nennen, nämlich

a) *wenig Rechenarbeit für die Lösung und*

b) *die Ungleichung $|\varLambda_1| \leq |\lambda_1|$, falls die Eigenwerte reell und nur eines Vorzeichens sind. Diese Ungleichung ist wichtig, weil man oft gerade um untere Schranken für die Eigenwerte verlegen ist.*

§ 8. Extremaleigenschaften der Eigenwerte eines Hermiteschen Kerns. 1. Einschließungssatz.

Unter Benutzung der reziproken Eigenwerte $\varkappa_i = 1/\lambda_i$ schreibt sich die Hilbertsche Fundamentalformel (I, § 4, 5) in der Gestalt

$$J(u) = (\mathfrak{K}\, u, \overline{u}) = \sum_{i=1}^{\infty} |(u, \overline{y}_i)|^2\, \varkappa_i .$$

Da die reziproken Eigenwerte sich höchstens gegen Null häufen können, so existieren die Zahlen

$$a = \mathrm{Max}\,(0, \varkappa_1, \varkappa_2, \ldots) \quad \text{und} \quad b = \mathrm{Min}\,(0, \varkappa_1, \varkappa_2, \ldots).$$

Da die Eigenfunktionen y_i ein Orthonormalsystem in dem Sinne bilden, daß $(y_i, \overline{y}_k) = \delta_{ik}$ ist, so besteht die Besselsche Ungleichung

$$\sum_{i=1}^{\infty} |(u, \overline{y}_i)|^2 \leq (u, \overline{u}).$$

Zusammen mit der Fundamentalformel führt sie auf die Ungleichungen

$$b \leq J(u) \leq a \tag{1}$$

unter der Nebenbedingung

$$(u, \overline{u}) = 1. \tag{2}$$

Um einen hieraus fließenden Einschließungssatz und weitere Aussagen dieses Abschnitts über die Einschließung reziproker Eigenwerte glatter formulieren zu können, soll im folgenden auch der Wert $\varkappa = 0$ als reziproker Eigenwert angesehen werden, wenn $\mathfrak{K}\, u \equiv 0$ für eine geeignete zulässige Funktion u ist. Dies ist stets der Fall, wenn $K(s, t)$ entartet, also nur endlich viele Eigenwerte besitzt. Auch wenn $K(s, t) \equiv 0$ ist, soll $\varkappa = 0$ als reziproker Eigenwert von $\mathfrak{K}$ gelten. Nur eine andere Umschreibung dieses Sachverhalts soll es sein, wenn $\lambda = \infty$ als Eigenwert bezeichnet wird.

Es gilt nun der folgende

1. Einschließungssatz: Sei $(u, \overline{u}) = 1$. Dann enthält jede der reellen $\varkappa$-Mengen $\varkappa - J(u) \leq 0$, $\varkappa - J(u) \geq 0$ mindestens einen reziproken Eigenwert. Gilt $(\mathfrak{K} - J(u))\, u \not\equiv 0$, so existieren zwei reziproke Eigenwerte $\varkappa'$ und $\varkappa''$, die die Ungleichungen $\varkappa' < J(u) < \varkappa''$ erfüllen.

Beweis: Der Satz ist trivial, wenn der zu $\mathfrak{K}$ gehörige Kern $K(s, t)$ identisch verschwindet. Im anderen Falle existieren von Null verschiedene reziproke Eigenwerte, so daß $b < a$ für die in den Ungleichungen (1) auftretenden Zahlen a und b gilt. Fällt $J(u)$ mit einer dieser Zahlen, etwa a, zusammen, so folgt $(u, \overline{y}_i) = 0$ für $\varkappa_i < a$. Ist $a = 0$, so führt die Fundamentalformel (I, § 4, 5) — auf $\Re^2$ angewendet — zu $(\overline{u}, \Re^2 u) = (\overline{\Re u}, \Re u) = 0$, also zu $\Re u \equiv 0$. Für $a > 0$ ist analog dazu

$$(u, (\Re - a)^2 u) = 0 \text{ und } (\Re - J(u)) u \equiv 0.$$

Somit ist u Eigenfunktion zum reziproken Eigenwert $J(u)$. Der Einschließungssatz ist also trivialerweise erfüllt. — Gilt aber $(\Re - J(u))u \neq 0$, so folgt aus (1) $b < J(u) < a$. Hierin sind a und b entweder reziproke Eigenwerte oder Häufungspunkte reziproker Eigenwerte. Hieraus folgt unmittelbar der zweite Teil des Einschließungssatzes.

Aus der Fundamentalformel für $\Re$ ergibt sich unter den Nebenbedingungen $(u, \overline{u}) = 1$, $(u, \overline{y}_i) = 0$ für $i = 1, 2, \ldots, k$ die Ungleichung

$$|J(u)| \leq |\varkappa_{k+1}|.$$

Das Gleichheitszeichen steht im Falle $u = y_{k+1}$. Damit ist $|\varkappa_{k+1}|$ als Lösung eines Variationsproblems gekennzeichnet. Eine von den Nebenbedingungen $(u, \overline{y}_i) = 0$ unabhängige Kennzeichnung der reziproken Eigenwerte wurde von R. Courant (vgl. [18], S. 112) gefunden. Man ordne die positiven Eigenwerte für sich und die negativen Eigenwerte für sich nach dem Ordnungsprinzip des § 6. Man erhält zwei Folgen $\lambda_1, \lambda_2, \ldots$ von positiven und $\lambda_{-1}, \lambda_{-2}, \ldots$ von negativen Eigenwerten zusammen mit korrespondierenden Folgen $\varkappa_i = 1/\lambda_i$ von reziproken Eigenwerten und Eigenfunktionen y_i. Es seien nun r Funktionen $v_1, v_2, \ldots, v_r$ gegeben und mit ihrer Hilfe die Nebenbedingungen

$$(u, v_i) = 0, \quad i = 1, 2, \ldots r \tag{3}$$

aufgestellt. Man variiere u unter den Nebenbedingungen (2), (3) und bilde $F_+ (v_1, v_2, \ldots, v_r) = $ o. G. $J(u)$, $F_- (v_1, v_2, \ldots, v_r) = $ o. G. $(-J(u))$. Existiert $\varkappa_{r+1}$, so gilt

$$\varkappa_{r+1} = \operatorname*{Min}_{v_i} F_+ (v_1, \ldots, v_r); \tag{4}$$

existiert $\varkappa_{-r-1}$, so ist entsprechend

$$\varkappa_{-r-1} = - \operatorname*{Min}_{v_i} F_- (v_1, \ldots, v_r). \tag{4'}$$

In diesem Zusammenhang spricht man von der Minimum-Maximumeigenschaft der reziproken Eigenwerte. In (4) wird das Minimum für $v_i = \overline{y}_i$, in (4') für $v_i = \overline{y}_{-i}$ angenommen. Die oberen Grenzen werden für $u = y_{r+1}$ bzw. y_{-r-1} erreicht.

Man kann auch das Minimum der oberen Grenze von $|J(u)|$ zur Kennzeichnung der reziproken Eigenwerte heranziehen. Doch ist einige

Vorsicht geboten. Setzt man nämlich $r = 1$, $\bar{v}_1 = \sqrt{\varkappa_1}\, y_1 + \sqrt{-\varkappa_{-1}}\, y_{-1}$ so ist o. G. $|J(u)| = \mathrm{Max}\,(\varkappa_2, -\varkappa_{-2})$. Gilt also

$$\varkappa_1 > -\varkappa_{-1} > \varkappa_2 > -\varkappa_{-2}$$

so kann nicht $-\varkappa_{-1} = \mathrm{Min.}$ o. G. $|J(u)|$ sein. Damit ist eine anderslautende Bemerkung in [30], S. 1512 widerlegt.

Es folgen einige Beispiele für die Anwendung von (1).

3. Beispiel:

Wieder wählen wir den Kern $K(s, t) = \mathrm{Min}\,(s, t)$, der offensichtlich reell und symmetrisch ist. Setzt man $U(s) = \int_0^s u(\sigma)\, d\sigma$, so ergibt sich für reelles $u(s)$ der Ausdruck $J(u) = (U(1) - (U, 1))^2 + (U, U) - (U, 1)^2 \geq 0$ [1]). Hieraus folgt, daß der Kern positiv definit ist und somit positive und nur positive Eigenwerte besitzt. Für $u \equiv 1$ ist $J(u) = 1/3$, für $u = \sqrt{3}\, s$ findet man $J(u) = 2/5$. Der erste Fall liefert die Abschätzung $\lambda_1 \leq 3$, der zweite $\lambda_1 \leq 2{,}5$, während $\lambda_1 \approx 2{,}47$ auf zwei Stellen nach dem Komma ist.

4. Beispiel:

Wir setzen $K(s, t) = \mathrm{Min}\,(s, t)\,(1 - \mathrm{Max}\,(s, t)) = s\,(1 - t)$ für $0 \leq s \leq t \leq 1$. Der Kern ist reell und symmetrisch. Ähnlich wie bei dem vorangegangenen Beispiel kann man zeigen, daß er positiv definit ist. Bekanntlich sind $\lambda_k = k^2\,\pi^2$ seine Eigenwerte und $y_k = \sin \pi k s$ seine Eigenfunktionen. Insbesondere ist $\lambda_1 \approx 9{,}870$ auf drei Stellen nach dem Komma. Mit $u \equiv 1$ findet man $\lambda_1 \leq 12$, mit $u = \mathrm{const.}\ s\,(1 - s)$ ergibt sich $\lambda_1 \leq 9{,}882$.

5. Beispiel:

Sei $K(s, t) = |s - t|$. Nach Collatz [15], S. 706 ist $\lambda_1 \approx 2{,}878$; mit $u \equiv 1$ findet man $|\lambda_1| \leq 3$.

§ 9. Extremaleigenschaften rational transformierter Eigenwerte Hermitescher Integraloperatoren und allgemeine Einschließungssätze.

So nützlich und einfach die Anwendung des in § 8 beschriebenen Variationsprinzips für die Berechnung von Schranken für λ_1 ist, so umständlich ist sie bei der Auffindung von Schranken für die Eigenwerte höherer Ordnung. Viele Untersuchungen beschäftigen sich daher mit der Entwicklung einfacherer Methoden. Ein größerer Teil der Ergebnisse läßt sich aber schon durch die Anwendung der in § 8 beschriebenen Verfahren auf gebrochene Operatoren (vgl. § 5) beschreiben. Man gelangt auf diese Weise zu einer Verallgemeinerung des Variationsprinzips und des 1. Einschließungssatzes.

Wir betrachten den gebrochenen Operator

$$\mathfrak{K}^* = \mathfrak{M}\,(1 - \mathfrak{N})^{-1} \text{ mit } \mathfrak{M} = p(\mathfrak{K}) \text{ und } \mathfrak{N} = q(\mathfrak{K}), \tag{1}$$

---

[1]) Unter Anwendung der Schwarzschen Ungleichung.

wie er in § 5 eingeführt wurde. Es seien $\mathfrak{K}$ ein Hermitescher Integraloperator, $p(x)$ und $q(x)$ zwei für $x = 0$ verschwindende Polynome mit reellen Koeffizienten, $p(x)$ und $g(x) = 1 - q(x)$ teilerfremd, und es sei $\mathfrak{G} = g(\mathfrak{K})$ gesetzt. Ferner sei Eins kein Eigenwert von $\mathfrak{N}$. Um das allgemeine Variationsprinzip des § 8 auf $\mathfrak{K}^* = \mathfrak{M}\,\mathfrak{G}^{-1}$ anzuwenden, haben wir den Ausdruck

$$J^*(u) = (\overline{u},\, \mathfrak{M}\,\mathfrak{G}^{-1}\,u) \tag{2}$$

unter den Nebenbedingungen

$$(u, \overline{u}) = 1 \tag{2'}$$

und

$$(u, v_i) = 0; \quad i = 1, 2, \ldots m \tag{2''}$$

zu variieren. Um dies direkt auszuführen, muß man $\mathfrak{G}^{-1}$ kennen. Dies läßt sich aber durch eine gewisse Transformation der Funktionen u und v_i umgehen, nämlich durch

$$\xi = \mathfrak{G}^{-1}\,u, \quad \eta_i = \mathfrak{G}'\,v_i = (1 - \mathfrak{N}')\,v_i, \quad i = 1, 2, \ldots m. \tag{3}$$

Es ist dann

$$J^*(u) = (\overline{\xi},\, \mathfrak{M}\,\mathfrak{G}\,\xi) \tag{4}$$

$$(\overline{u}, u) = (\overline{\xi},\, \mathfrak{G}^2\,\xi) \tag{4'}$$

$$(u, v_i) = (\xi, \eta_i) = 0. \tag{4''}$$

In diesen Ausdrücken tritt $\mathfrak{G}^{-1}$ nicht mehr auf. Da die Transformation der Funktionen u und v_i auf die Funktionen ξ und η_i eineindeutig ist (nach Voraussetzung ist Eins kein Eigenwert von $\mathfrak{N}$) so läuft die Variation von $J^*(u)$ auf eine Variation von

$$\tilde{J}(\xi) = \frac{(\overline{\xi},\, \mathfrak{M}\,\mathfrak{G}\,\xi)}{(\overline{\xi},\, \mathfrak{G}^2\,\xi)}\,,\quad \xi \not\equiv 0 \tag{5}$$

unter den Nebenbedingungen (4''), nämlich $(\xi, \eta_i) = 0$, hinaus. Bilden wir daher unter Beachtung von (4'') die Größen

$$F_+(\eta_1, \ldots, \eta_m) = \text{o. G. } \tilde{J}(\xi), \quad F_-(\eta_1, \ldots, \eta_m) = \text{o. G. } \left(-\,\tilde{J}(\xi)\right), \tag{6}$$

so gilt

$$\alpha' = p(\varkappa')\,g^{-1}(\varkappa') = \underset{\eta_i}{\text{Min }} F_+; \quad \alpha'' = p(\varkappa'')\,g^{-1}(\varkappa'') = -\,\underset{\eta_i}{\text{Min }} F_- \tag{7}$$

für den $(m + 1)$. positiven reziproken Eigenwert α' und den entsprechenden negativen reziproken Eigenwert α'' von $\mathfrak{K}^*$. Die Formel (7) bringt zugleich zum Ausdruck, daß α' und α'' die Transformierten gewisser reziproker Eigenwerte $\varkappa'$ und $\varkappa''$ von $\mathfrak{K}$ sind, wie sie nach (I, § 5, 6) existieren.

Ein besonders einfaches Beispiel bietet der zum reziproken Kern von $\mathfrak{K}$ gehörige Integraloperator $\mathfrak{K}^* = \mathfrak{K}(1 - \lambda\,\mathfrak{K})^{-1}$, λ reell und kein Eigenwert von $\mathfrak{K}$, dessen Eigenwerte aus denen von $\mathfrak{K}$ durch Subtraktion von λ entstehen. Zu ihm gehört der Ausdruck

$$\tilde{J}(\xi) = \frac{(\bar{\xi}, (\mathfrak{K} - \lambda\,\mathfrak{K}^2)\,\xi)}{(\bar{\xi}, (1 - \lambda\,\mathfrak{K})^2\,\xi)}\,, \tag{5'}$$

der von N. J. Lehmann [41][1]) betrachtet worden ist. Lehmann schreibt auch

$$\tilde{J}(\xi) = \frac{1}{\overline{T}(\xi, \lambda) - \lambda} \quad\text{und}\quad T(\xi, \lambda) = \frac{(\bar{\xi}, (1 - \lambda\,\mathfrak{K})\,\xi)}{(\bar{\xi}, \mathfrak{K}\,(1 - \lambda\,\mathfrak{K})\,\xi)}\,.$$

Das Variationsprinzip für $\tilde{J}(\xi)$ übersetzt er in ein Variationsprinzip für T. Unter den Nebenbedingungen $T(\xi, \lambda) \geq \lambda$ und $T(\xi, \lambda) \leq \lambda$ führen dann die Extremwerte von $T(\xi, \lambda)$ unmittelbar zu den rechts bzw. links von λ gelegenen Eigenwerten von $\mathfrak{K}$. Sieht man von den nicht immer auf einfache Weise realisierbaren Nebenbedingungen $T(\xi, \lambda) \geq \lambda$, $T(\xi, \lambda) \leq \lambda$ ab, so führt die Betrachtung von T insbesondere zur Auffindung von Schranken für die dem Wert λ unmittelbar benachbarten Eigenwerte von $\mathfrak{K}$. Denn es ist

$$\lambda' = \operatorname*{Min}_{\xi} T(\xi, \lambda), \quad T(\xi, \lambda) \geq \lambda \tag{8}$$

der unmittelbar rechts von λ gelegene Eigenwert von $\mathfrak{K}$. Eine entsprechende Aussage gilt für den unmittelbar links von λ gelegenen Eigenwert.

Man kann auf $\tilde{J}(\xi)$ und $\mathfrak{K}^*$ den 1. Einschließungssatz anwenden. Zuvor stellen wir noch fest, welche Konsequenzen für $\mathfrak{K}$ daraus folgen, daß $\mathfrak{K}^*$ möglicherweise den reziproken Eigenwert Null besitzt. Sei also $u \not\equiv 0$ eine zulässige Funktion und $\mathfrak{K}^*\,u \equiv 0$. Es ist dann $p(\mathfrak{K})\,v \equiv 0$ mit $v = \mathfrak{G}^{-1}u$ und $v \not\equiv 0$. Wir setzen $p(x) = x^k\,h(x)$, wobei $h(x)$ ein Polynom ist, das für $x = 0$ nicht verschwindet. Gilt nun $\mathfrak{K}^k\,v \equiv 0$, so ist $\varkappa = 0$ ein reziproker Eigenwert von $\mathfrak{K}$; ist $\mathfrak{K}^k\,v = w \not\equiv 0$, so ist $h(\mathfrak{K})\,w \equiv 0$. Die Schlußweise des § 5 führt dann zur Existenz eines reziproken Eigenwerts $\varkappa$ von $\mathfrak{K}$, so daß $h(\varkappa) = p(\varkappa) = 0$ ist. Indem wir dieses Ergebnis berücksichtigen, führt die Anwendung des 1. Einschließungssatzes auf $\tilde{J}$ und $\mathfrak{K}^*$ unmittelbar zum

2. Einschließungssatz: Jede der $\varkappa$-Mengen $p(x)\,g^{-1}(x) \geq \tilde{J}(\xi)$ und $p(x)\,g^{-1}(x) \leq \tilde{J}(\xi)$ enthält mindestens einen reziproken Eigenwert von $\mathfrak{K}$. Dabei darf $g(x) \neq 0$ vorausgesetzt werden.

---

[1]) Das Resultat (7) beruht auf einer Verallgemeinerung des Vorgehens von Lehmann.

Die Bedingung $g(x) \neq 0$ ist unwesentlich, weil p und g als teilerfremd vorausgesetzt wurden.

Es ist nützlich, ein schiefsymmetrisches Polynom in zwei Variabelen, nämlich $P(x, y) = p(x)\, g(x)\, g^2(y) - g^2(x)\, g(y)\, p(y)$ einzuführen und aus diesem das Polynom

$$F(x) = (\bar{\xi}, P(x, \Re)\, \xi) = \sum_{i=0}^{n} f_i\, x^i \tag{9}$$

abzuleiten. Dann sind die Mengen des 2. Einschließungssatzes nichts anderes als die Mengen $F(x) \geq 0$, $F(x) \leq 0$; denn diese Ungleichungen ergeben sich, wenn man die Ungleichungen des 2. Einschließungssatzes mit $g^2(x) \neq 0$ und dem positiven Nenner von $\tilde{J}(\xi)$ in (5) multipliziert. Das Polynom $F(x)$ besitzt reelle Koeffizienten und darüber hinaus die wichtige Eigenschaft, daß

$$(\bar{\xi}, F(\Re)\, \xi) = 0 \tag{10}$$

ist, und zwar als Folge der schiefen Symmetrie von $P(x, y)$. Führt man die Zahlen

$$(\xi, \bar{\xi}) = a_0, \; (\bar{\xi}, \Re^k\, \xi) = a_k, \;\; k = 1, 2, \ldots \tag{11}$$

ein, so läßt sich (10) auch durch

$$\sum_{k=0}^{n} f_k\, a_k = 0 \tag{10'}$$

zum Ausdruck bringen.

Von nun an bezeichnen wir jedes beliebige, nicht notwendig durch (9) erklärte Polynom $F(x)$ mit reellen Koeffizienten als **Einschließungspolynom**, wenn es mit Bezug auf eine Funktion $\xi \not\equiv 0$ die Relation (10') erfüllt. Sei $F(x)$ ein solches Polynom und $p(x) = F(x) - F(0)$ gesetzt. Wir betrachten den Polynomoperator $\Re^* = p(\Re)$ und wenden auf ihn den 2. Einschließungssatz an. Dies führt zu den x-Mengen

$$p(x) \geq \tilde{J}(\xi) = \frac{(\bar{\xi}, \Re^*\, \bar{\xi})}{(\bar{\xi}, \xi)}, \;\; p(x) \leq \tilde{J}(\xi) \tag{12}$$

oder wegen (10')

$$F(x) \geq 0, \; F(x) \leq 0. \tag{13}$$

Auf eben diese Mengen führte aber auch das durch (9) erklärte Einschließungspolynom, und zwar als Ausdruck für die Mengen des 2. Einschließungssatzes für einen gebrochenen Operator. Alles zusammengefaßt, finden wir daher den

3. Einschließungssatz: Jede der x-Mengen des 2. Einschließungssatzes läßt sich in der Form $F(x) \geq 0$ bzw. $F(x) \leq 0$ unter Vermittlung eines geeigneten Einschließungspolynoms $F(x)$ darstellen. Jede der durch ein Einschließungspolynom $F(x)$ definierten Mengen $F(x) \geq 0$ und $F(x) \leq 0$ enthält mindestens einen reziproken Eigenwert. Gilt $F(\Re)\,\xi \not\equiv 0$, so enthält jede der Mengen $F(x) > 0$, $F(x) < 0$ mindestens einen reziproken Eigenwert.

Damit ist gezeigt, daß die Anwendung des 1. Einschließungssatzes auf gebrochene Operatoren nicht weiter führt als die Anwendung auf reine Polynomoperatoren. Der letzte Teil des vorstehenden Satzes entspricht unmittelbar dem 2. Teil des 1. Einschließungssatzes. Der Beweis ist klar. — Jedes Einschließungspolynom muß mindestens eine reelle Nullstelle besitzen; denn keine der Mengen $F(x) \geq 0$, $F(x) \leq 0$ kann leer sein. — Die Summe zweier auf die gleiche Funktion ξ bezogenen Einschließungspolynome ergibt wieder ein Einschließungspolynom. Beweis klar. — Es ist nicht schwer, Einschließungspolynome zu konstruieren. Ist z. B. $G(x) = \sum\limits_{k=0}^{n} g_k\, x^k$ mit reellen g_k **kein** Einschließungspolynom, so ist

$$F(x) = G(x)\,(x - c) \ \text{ mit } c = \frac{\Sigma\, g_k\, a_{k+1}}{\Sigma\, g_k\, a_k} \tag{14}$$

eines.

Sei $F(x)$ ein Einschließungspolynom, und sei $F(x) \geq 0$ für alle reellen x. Dann kann man $F(x) = g(x)\,\bar{g}(x)$ schreiben, wobei g und $\bar{g}$ Polynome mit paarweise konjugiert komplexen Koeffizienten sind. Es ist

$$\overline{(g(\Re)\,\xi,\, g(\Re)\,\xi)} = (\bar{\xi},\, \bar{g}(\bar{\Re}')\, g(\Re)\,\xi) = (\bar{\xi},\, F(\Re)\,\xi) = 0,$$

also auch $g(\Re)\,\xi \equiv 0$. Unter allen Polynomen $f(x) \not\equiv 0$ mit beliebigen reellen oder komplexen Koeffizienten und mit der Eigenschaft $f(\Re)\,\xi \equiv 0$ gibt es eines von kleinstem Grade. Sei $\psi(x)$ ein solches Polynom und sei m sein Grad. In jedem Falle gilt $f(x) = h(x)\,\psi(x)$ unter Vermittlung eines geeigneten Polynoms h. Andernfalls führte die Division von f durch ψ zu einem Restpolynom $r(x)$ von geringerem Grade als m, und es wäre $r(x) \not\equiv 0$ und $r(\Re)\,\xi \equiv 0$, so daß m nicht der kleinste Grad sein könnte. Das „Minimalpolynom" $\psi(x)$ ist also bis auf einen konstanten Faktor eindeutig bestimmt. Wir schreiben es in der Form

$$\psi(x) = \prod\limits_{i=1}^{m} (x - \varkappa^{(i)}) = \sum\limits_{k=0}^{m} c_k\, x^k.$$

Ferner setzen wir

$$\psi_i(x) = \frac{\psi(x)}{(x - \varkappa^{(i)})} \ \text{ und } \ \psi_i(\Re)\,\xi = \xi_i.$$

Es ist dann stets $\xi_i \not\equiv 0$ und $(\Re - \varkappa^{(i)})\,\xi_i \equiv 0$, so daß $\varkappa^{(i)}$ ein reziproker Eigenwert von $\Re$ ist. Demnach ist $\varkappa^{(i)}$ reell und $\psi(x)$ in der angeschriebenen Form ein Polynom mit reellen Koeffizienten c_k. ψ ist ein Einschließungspolynom und mit ihm jedes Produkt $h(x)\,\psi(x)$, wobei $h(x) \not\equiv 0$ ein beliebiges reelles Polynom sein kann. Das Minimalpolynom $\psi(x)$ besitzt lauter einfache Nullstellen. Zum Beweise setzen wir $\psi(x) = h(x)\,k(x)$, wobei $k(x)$ und $h(x)$ Polynome sind und $k(x) \geq 0$ für alle reellen x ist und größtmöglichen Grad hat. Das Polynom $F(x) = \psi(x)\,h(x) = h^2(x)\,k(x)$ ist nichtnegativ für alle reellen x. Sein Grad darf $2m$ nicht unterschreiten, sonst wäre das oben konstruierte Polynom $g(x)$ von kleinerem Grade als m, und es wäre $g(\Re)\,\xi = 0$. Aus der Einschränkung des Grades von F folgt aber $k(x) = \text{const}$. Da $h(x)$ nach Konstruktion nur einfache Nullstellen besitzt, so ist die Behauptung damit bewiesen. Nunmehr ergibt sich, daß $\psi(x)$ und seine Ableitung $\psi'(x)$ teilerfremd sind. Es gibt daher eine Relation $g(x)\,\psi'(x) + h(x)\,\psi(x) = 1$ mit geeigneten Polynomen g und h. Hieraus folgt

$$\xi = g(\Re)\,\psi'(\Re)\,\xi = g(\Re)\sum_{i=1}^{m}\psi_i(\Re)\,\xi = \sum_{i=1}^{m} g(\varkappa^{(i)})\,\xi_i \qquad (15)$$

mit nichtverschwindenden Koeffizienten $g(\varkappa^{(i)})$. ξ ist daher eine Linearkombination der zu den $\varkappa^{(i)}$ gehörigen Eigenfunktionen ξ_i.

Als Ausdruck dafür, daß die Polynome $x^k\,\psi(x)$ Einschließungspolynome sind, ergeben sich die Relationen

$$\sum_{k=0}^{m} c_k\,a_{k+r} = 0, \quad r = 0, 1, \ldots \text{ in inf.} \qquad (16)$$

Bei jedem anderen gleichgebauten System von Relationen

$$\sum_{k=0}^{m'} d_k\,a_{k+r} = 0 \quad \text{für } r = 0, 1, \ldots m',\ d_k \text{ reell} \qquad (16')$$

mit irgendwelchen nicht alle zugleich verschwindenden Koeffizienten d_k muß $m' \geq m$ sein. Denn mit dem Polynom $F(x) = \sum_{k=0}^{m'} d_k\,x^k$ sind auch alle Polynome $x^i\,F(x)$ für $i = 0, 1, 2, \ldots, m'$ Einschließungspolynome. Durch Linearkombination dieser speziellen Polynome kann man $F^2(x)$ erzeugen. $F^2(x)$ ist ein Einschließungspolynom, es ist ferner nichtnegativ längs der reellen Achse, also muß sein Grad mindestens $2m$ betragen. Daraus folgt die Behauptung. Aus $m' \geq m$ folgt jetzt, daß die Polynome

$$\Phi_n(x) = \begin{vmatrix} 1 & x \ldots x^n \\ a_0 & a_1 \ldots a_n \\ a_1 & a_2 \ldots a_{n+1} \\ \cdots\cdots\cdots\cdots \\ a_{n-1} \cdots a_{2n-1} \end{vmatrix} = A_n\,x^n + \cdots; \quad n = 1, 2, \ldots \qquad (17)$$

für $n \leq m$ einen Koeffizienten $A_n \neq 0$ besitzen und für $n > m$ identisch verschwinden. Für $n \leq m$ ist — wie aus der Bauart (17) unmittelbar hervorgeht — $\Phi_n(x)$ ein Einschließungspolynom. Mit ihm teilen alle Produkte $x^k \Phi_n(x)$ für $k = 1, 2, \ldots, n-1$ diese Eigenschaft. Bei den Produkten $x^k \Phi_m(x)$ gilt dies auch für $k = m$. Mithin ist auch $\Phi_m^2(x)$ ein Einschließungspolynom und daher Φ_m bis auf einen konstanten Faktor mit dem oben eingeführten Minimalpolynom ψ identisch. Ist $F(x)$ ein Einschließungspolynom vom Grade $n \leq m$, so ist dies gleichbedeutend mit der Existenz einer Linearkombination

$$F(x) = \sum_{i=1}^{n} f_i \Phi_i(x) \tag{18}$$

mit konstanten Koeffizienten f_i. Beweis klar. Soll mit $F(x)$ auch jedes Produkt $x^k F(x)$ für $k = 1, 2, \ldots, n-1$ ein Einschließungspolynom sein, so muß dies auch für die Produkte $\Phi_i(x) F(x)$, $i = 1, 2, \ldots, n-1$ zutreffen. Unmittelbar aus (18) folgt dann $F(x) = f_n \Phi_n(x)$. Die Polynome $\Phi_n(x)$ sind also die einzigen mit dieser Eigenschaft. Für $n \leq m$ haben die Polynome $\Phi_n(x)$ lauter reelle und lauter einfache Nullstellen. Man beweist dies nach der gleichen Methode, die für den Beweis der Einfachheit der Nullstellen von ψ weiter oben angewendet wurde. Zu jedem Polynom $\Phi_n(x)$ mit den Nullstellen $x_1 < x_2 < \cdots < x_n$ lassen sich reziproke Eigenwerte $\sigma_1 < \sigma_2 < \cdots < \sigma_{n+1}$ finden, so daß

$$\sigma_1 < x_1 < \sigma_2 < x_2 \ldots < x_n < \sigma_{n+1} \quad \text{für } n < m \tag{19}$$

gilt. Zum Beweise konstruiere man Einschließungspolynome $F(x)$, die sich aus den Relationen

$$F(x)(x - x_1) = \Phi_n^2(x), \; F(x)(x - x_1)(x - x_2) = \Phi_n^2(x), \ldots$$

ergeben. Für jedes von ihnen ist $F(\mathfrak{R}) \, \xi \not\equiv 0$. Die Anwendung des 3. Einschließungssatzes führt unmittelbar zu (19).

Die Ungleichungen (19) weisen auf die praktische Bedeutung der speziellen Einschließungspolynome Φ_n hin. Sie mögen daher *starke* Einschließungspolynome genannt werden. Ein numerisches Beispiel wird am Ende des § 10 gegeben werden. — Weil der Grad m des Minimalpolynoms von ψ bei allem Vorstehenden eine wichtige Rolle spielt, so soll die Zahl m zugleich der Grad von ξ heißen. Existiert für eine gegebene Funktion ξ kein Minimalpolynom, so ordnen wir ihr den Grad $m = \infty$ zu. In diesem Falle existiert kein System (16′) von Relationen zwischen den Zahlen a_n. Keine der Zahlen A_n in (17) verschwindet. An den oben bewiesenen Eigenschaften der Polynome Φ_n für $n < m$ ändert sich auch im Falle $m = \infty$ nichts. Alles zusammengefaßt, gilt der

4. Einschließungssatz: Besitzt ξ unendlichen Grad, so hat jedes der Polynome Φ_n (nach (17)) den Grad n; die Produkte $x^k \Phi_n(x)$,

$k = 0, 1, \ldots, n - 1$ und ihre Linearkombinationen sind Einschließungspolynome. Jedes Φ_n hat n reelle und einfache Nullstellen. Links von der kleinsten, rechts von der größten Nullstelle und zwischen je zwei benachbarten Nullstellen existiert mindestens ein reziproker Eigenwert von $\Re$. — Besitzt ξ endlichen Grad m, so gilt das gleiche für die Polynome Φ_n mit $n < m$. $\Phi_m(x)$ ist Minimalpolynom von ξ. Es besitzt lauter einfache reelle Nullstellen. Alle Nullstellen sind reziproke Eigenwerte; ξ ist eine Linearkombination von Eigenfunktionen, die zu diesen Eigenwerten gehören. Dabei verschwindet keiner der möglichen Kombinationskoeffizienten.

Die folgenden Bemerkungen beziehen sich auf Einschließungspolynome $F(x)$, die alle dieselbe Gleichung (10′) erfüllen.

Es existiert stets ein Teilsystem von **endlich** vielen reziproken Eigenwerten, so daß jede der durch ein Einschließungspolynom $F(x)$ definierten Mengen $F(x) \geq 0$ und $F(x) \leq 0$ mindestens einen Wert des Teilsystems enthält.

Beweis: Die Behauptung ist trivial, falls $\Re$ nur endlich viele reziproke Eigenwerte besitzt. Sind unendlich viele vorhanden, so seien sie nach fallendem Betrag geordnet, $\varkappa_1, \varkappa_2, \ldots, \varkappa_n, \ldots$. Dazu kommt eventuell noch der reziproke Eigenwert Null. Es existiere zu jedem System $\varkappa_1, \varkappa_2, \ldots, \varkappa_r$ ein Einschließungspolynom $F_r(x)$, so daß $F_r > 0$ für die Werte des Systems ist. Dann muß entweder $F_r(0) \leq 0$ oder $F_r(\varkappa_k) \leq 0$ für eine geeignete Zahl $k > r$ sein. Seien alle F_r dadurch normiert, daß die Quadratsumme ihrer Koeffizienten den Wert 1 annimmt. Dann gibt es eine Teilfolge aus den F_r, die gegen eine Grenzfunktion $F(x)$ in jedem endlichen Intervall gleichmäßig konvergiert. Es ist $F(\varkappa_i) \geq 0$ für jedes $\varkappa_i$ und $F(0) \leq 0$. Da die $\varkappa_i$ sich gegen Null häufen, muß $F(0) = 0$ sein. $F(x)$ ist ein Einschließungspolynom. Wendet man auf $F(\Re)$ das Fundamentaltheorem (I, § 4, 5) an, so ergibt sich

$$(\bar{\xi}, F(\Re)\, \xi) = \sum_{i=1}^{\infty} \left| (\bar{y}_i,\, \xi) \right|^2 F(\varkappa_i) = 0. \tag{20}$$

Hieraus folgt $F(\Re)\, \xi \equiv 0$, so daß ξ endlichen Grad besitzt. Die Nullstellen des Minimalpolynoms von ξ bilden dann ein Teilsystem der reziproken Eigenwerte, das die Behauptung bestätigt. Existieren die Polynome F_r nicht für jeden Wert von r, so folgt daraus die Existenz eines Teilsystems im Sinne der Behauptung.

Seien jetzt $\sigma_1, \sigma_2, \ldots, \sigma_r$ beliebige reelle Zahlen mit der Eigenschaft, daß jede Menge $F(x) \geq 0$ und $F(x) \leq 0$ mit F als Einschließungspolynom mindestens einen Wert σ_k enthält. Dann lassen sich die Gleichungen

$$\sum_{i=1}^{r} p_i\, \sigma_i^k = a_k, \quad k = 0, 1 \ldots n \tag{21}$$

mit positiven $p_i \geq 0$ befriedigen.

Beweis: Ist $r < n + 1$, so erweitern wir das System um die Werte $\sigma_{n+1} = \sigma_n = \cdots = \sigma_{r+1} = \sigma_r$. Es darf also ohne Beschränkung der Allgemeinheit $r \geq n + 1$ angenommen werden. Aus jedem Einschließungspolynom $F(x)$ leiten wir den Vektor $\mathfrak{F}$ mit den Komponenten $F(\sigma_1)$, $F(\sigma_2), \ldots, F(\sigma_r)$ ab; aus den Zahlen p_i bilden wir den Vektor $\mathfrak{p} = (p_1, \ldots, p_r)$ Aus (21) folgen

$$\sum_{i=1}^{r} p_i = a_0 \quad \text{und} \quad \mathfrak{p}\,\mathfrak{F} = 0 \tag{21'}$$

für alle Vektoren $\mathfrak{F}$. Hiervon gilt auch die Umkehrung. Nunmehr tragen wir alle Vektoren im r-dimensionalen Zahlenraume vom Nullpunkt aus an. Dann beschreiben die Vektoren $\mathfrak{F}$ eine Hyperebene $\mathfrak{Q}$ von höchstens $r - 1$ Dimensionen; denn die Linearkombination von Einschließungspolynomen ergibt wieder Einschließungspolynome. Alle Vektoren $\mathfrak{p}$ mit lauter nichtnegativen Komponenten bilden einen konvexen Körper $\mathfrak{P}$. $\mathfrak{P}$ und $\mathfrak{Q}$ haben den Nullpunkt gemeinsam. Kein innerer Punkt von $\mathfrak{P}$ liegt in $\mathfrak{Q}$, weil nach Voraussetzung kein Vektor $\mathfrak{F}$ existiert, dessen Komponenten alle > 0 sind. $\mathfrak{P}$ und $\mathfrak{Q}$ lassen sich durch eine Hyperebene $\mathfrak{H}$ mit der Gleichung

$$\sum_{i=1}^{r} p_i\,x_i = 0 \quad \text{in den Punktkoordinaten } x_i \tag{22}$$

trennen[1]). $\mathfrak{H}$ ist mit $\mathfrak{Q}$ identisch, oder $\mathfrak{H}$ enthält $\mathfrak{Q}$. Die Koeffizienten p_i in (22) können ohne Beschränkung der Allgemeinheit als nichtnegativ angenommen werden; wäre dies nicht möglich, so lägen innere Punkte von $\mathfrak{P}$ in $\mathfrak{H}$, was der trennenden Eigenschaft von $\mathfrak{H}$ widerspricht. Ein Vektor $\mathfrak{p}$ mit den Komponenten p_i nach (22) löst dann die Gleichungen (21') und damit auch (21). Damit ist die Behauptung bewiesen.

Nunmehr kann festgestellt werden, daß aus dem Spektrum der reziproken Eigenwerte von $\mathfrak{K}$ ein endliches Teilsystem $\sigma_1, \sigma_2, \ldots, \sigma_r$ so ausgewählt werden kann, daß die Gleichungen (21) mit positiven $p_i \geq 0$ lösbar sind.

Sei $\sigma_1, \sigma_2, \ldots, \sigma_r$ ein beliebiges System reeller Werte, für das die Gleichungen (21) mit positiven $p_i \geq 0$ lösbar sind. Sei ferner $\mathfrak{L}$ ein Hermitescher Integraloperator, zu dessen Spektrum die Werte σ_i gehören. Ist dann $u_1, u_2, \ldots, u_r$ ein korrespondierendes orthonormales System von Eigenfunktionen von $\mathfrak{L}$, so ist

$$\eta = \sum_{i=1}^{r} \sqrt{p_i}\,u_i \tag{23}$$

eine Funktion mit der Eigenschaft $(\eta, \bar{\eta}) = a_0$, $(\bar{\eta}, \mathfrak{L}^k \eta) = a_k$; $k = 1, 2, \ldots, n$. Hieraus geht hervor, daß man insbesondere die Funktion ξ so in eine

---

[1]) Vgl. T. Bonnesen und W. Fenchel, Theorie der konvexen Körper. Ergebnisse der Mathematik und ihrer Grenzgebiete, Bd. **3**, Heft 1, S. 5. Berlin 1934.

Funktion endlichen Grades bezüglich $\Re$ abändern kann, daß die Zahlen $a_0, a_1, \ldots, a_n$ sich nicht ändern. — Einen Operator der verlangten Art gibt es stets; z. B. kann

$$L(s, t) = \sum_{i=1}^{r} \sigma_i\, u_i(s)\, \bar{u}_i(t) \tag{24}$$

für den zugehörigen Kern mit Bezug auf ein beliebiges System $u_1, u_2, \ldots, u_r$ von orthonormalen Funktionen gesetzt werden.

§ 10. Dreigliedrige Einschließungspolynome. Verträgliche Spektra.

I. Im Falle $\Re\,\xi \equiv 0$ ist $\varkappa = 0$ ein reziproker Eigenwert. Jedes durch x teilbare Polynom ist ein Einschließungspolynom. Der dritte Einschließungssatz ist trivialerweise durch die Existenz von $\varkappa = 0$ befriedigt. Über die Existenz weiterer reziproker Eigenwerte läßt sich aus dem dritten Einschließungssatz kein Aufschluß gewinnen.

Für alles Folgende setzen wir $\Re\,\xi \not\equiv 0$ voraus. Dann ist auch $\Re^n\,\xi \not\equiv 0$. Es ist ferner $a_{2n} > 0$, denn setzt man

$$w_0 = \xi, \quad w_n = \Re^n\,\xi, \quad n = 1, 2, \ldots \tag{1}$$

so gilt allgemein

$$a_n = (\bar{w}_{n-m}, w_m) \quad \text{für} \quad m \leq n. \tag{2}$$

Insbesondere ist also $a_{2n} = (\bar{w}_n, w_n) > 0$. Ist n ungerade, so besitzt a_n jedenfalls bei definiten Hermiteschen Integraloperatoren das Vorzeichen der Eigenwerte.

Wir beschränken uns im folgenden auf die Betrachtung von Einschließungspolynomen der Form

$$F(x) = f_k\,x^k + f_{k+1}\,x^{k+1} + f_{k+2}\,x^{k+2}. \tag{3}$$

Sie sind durch $F(x) \not\equiv 0$, durch die Realität der Koeffizienten und durch die Bedingung

$$f_k\,a_k + f_{k+1}\,a_{k+1} + f_{k+2}\,a_{k+2} = 0 \tag{4}$$

völlig gekennzeichnet. Wir unterscheiden die folgenden Fälle:

1. $F(x) = f_k\,x^k$. Es muß $f_k \neq 0$ sein, also existiert ein Einschließungspolynom dieser Art nur für $a_k = 0$. Dieser Fall kann nur bei ungeradem k und nur bei indefinitem Operator $\Re$ eintreten. Wegen $F(\Re)\,\xi \not\equiv 0$ besagt der 3. Einschließungssatz, daß zwei reziproke Eigenwerte $\varkappa'$ und $\varkappa''$ gemäß den Ungleichungen

$$\varkappa' < 0 < \varkappa''$$

existieren.

2. $F(x) = f_k\,x^k + f_{k+1}\,x^{k+1};\ f_k \neq 0, f_{k+1} \neq 0$. Die Zahlen a_k und a_{k+1} können nicht beide zugleich verschwinden. Daher ist dieser Fall eines

Einschließungspolynomes nur für $a_k \neq 0$, $a_{k+1} \neq 0$ realisierbar. Von einem konstanten Faktor abgesehen, ist $F(x) = x^k(1 - \mu_{k+1} x)$ mit der Zahl

$$\mu_{k+1} = \frac{a_k}{a_{k+1}}, \tag{5}$$

die noch bei der praktischen Anwendung der Iterationsverfahren eine Rolle spielen wird, das einzige Einschließungspolynom. Der 3. Einschließungssatz liefert die folgenden Aussagen:

a) $F(\mathfrak{K})\, \xi \equiv 0$. Dann ist μ_{k+1} ein Eigenwert und $\mathfrak{K}\, \xi$ wenn nicht schon ξ eine zugehörige Eigenfunktion. Möglicherweise ist auch $\varkappa = 0$ ein reziproker Eigenwert.

b) $F(\mathfrak{K})\, \xi \not\equiv 0$. Es existieren zwei verschiedene reziproke Eigenwerte $\varkappa'$ und $\varkappa''$, so daß

$$\varkappa' < \frac{1}{\mu_{k+1}} < \varkappa'' \quad \text{für gerades } k \text{ und} \tag{6}$$

$$\varkappa' \text{ innerhalb } \left(0, \frac{1}{\mu_{k+1}}\right), \ \varkappa'' \text{ außerhalb } \left\langle 0, \frac{1}{\mu_{k+1}}\right\rangle \tag{6'}$$

für ungerades k

ist. Ist $\mathfrak{K}$ definit, so fällt (6') mit (6) zusammen. Insbesondere ist dann für den ersten Eigenwert

$$|\lambda_1| < |\mu_{k+1}|, \quad \mathfrak{K} \text{ definit}. \tag{6''}$$

3. $F(x) = f_k\, x^k + f_{k+1}\, x^{k+1} + f_{k+2}\, x^{k+2}; f_k \neq 0, f_{k+2} \neq 0$. Ohne Beschränkung der Allgemeinheit darf $f_{k+2} = 1$ gesetzt werden. Wir setzen $x^2 + f_{k+1}\, x + f_k = (x - p)(x - q)$. Sind p und q nicht reell, so setzen wir $(\mathfrak{K} - p)\, \xi = \eta$. Es ist $\eta \not\equiv 0$, weil nichtreelle reziproke Eigenwerte nicht existieren. Mit Bezug auf η gilt $(\bar{\eta}, \mathfrak{K}^k\, \eta) = 0$, also ist x^k ein Einschließungspolynom für η. Damit ist dieser Fall auf den schon diskutierten Fall 1 zurückgeführt. — Ohne Beschränkung der Allgemeinheit dürfen daher p und q als reell vorausgesetzt werden. Die Bedingung $f_k \neq 0$ führt auf $pq \neq 0$, und die Bedingung (4) auf

$$a_{k+2} - (p + q)\, a_{k+1} + pq\, a_k = 0. \tag{7}$$

Sämtliche möglichen Einschließungspolynome lassen sich in der Form $F(x) = x^k(x - p)(x - q)$ mit zwei nichtverschwindenden Zahlen p und q, die die Relation (7) erfüllen, darstellen. Aus (7) folgt

$$q = \frac{p\, a_{k+1} - a_{k+2}}{p\, a_k - a_{k+1}}. \tag{7'}$$

Existiert eine Zahl $p = p'$, für die Zähler und Nenner in (7') verschwinden, so ist $F(x) = x^k(x - p')(x - q)$ mit beliebigem q ein Einschließungspolynom. Bei geradem k kann dieser Fall nur eintreten, wenn $x - p'$ oder $x(x - p')$ Minimalpolynom von ξ ist. Dies folgt aus der

Betrachtung von $F(x) = x^k (x - p')^2$, eines Polynoms, das keine negativen Werte für reelle x annimmt. Ist $k = 2n + 1$ eine ungerade Zahl, so sind sowohl $x(x - p')$ als auch $x^2(x - p')$ Einschließungspolynome mit Bezug auf die Funktion $\Re^n \xi = \eta \not\equiv 0$. Auch in diesem Falle kann $(x - p')$ oder $x(x - p')$ Minimalpolynom (von η) sein; wenigstens p' ist dann ein reziproker Eigenwert. Liegt bei ungeradem k kein Minimalpolynom vor, so ist $x(x - p')$ ein starkes Einschließungspolynom für η. Es existieren nach dem 4. Einschließungssatz drei reziproke Eigenwerte $\varkappa'$, $\varkappa''$ und $\varkappa'''$, so daß

$$\varkappa' < \text{Min}\,(0, p') < \varkappa'' < \text{Max}\,(0, p') < \varkappa'''$$

ist.

Existiert keine Zahl $p = p'$, für die Zähler und Nenner in (7') zugleich verschwinden, so gibt es zu jedem p, das nicht den Nenner zu Null macht, genau ein q. Alle diese Wertepaare p, q liefern die sämtlichen Einschließungspolynome. (Für $p = 0$ oder $q = 0$ gelangt man auf den schon diskutierten Fall 2.) Der Fall $F(\Re)\,\xi \equiv 0$ kann auftreten. Dann ist mindestens einer der beiden Werte p, q ein reziproker Eigenwert. Größere praktische Bedeutung hat der Fall $F(\Re)\,\xi \not\equiv 0$; existiert ein Wertepaar $p = q$ gemäß (7), so kann man durch Einführung der Funktion $(\Re - p)\,\xi = \eta \not\equiv 0$ die weitere Betrachtung auf den Fall 1 zurückführen. Seien nunmehr die drei Werte $p, q, 0$ alle voneinander verschieden. Dann können sie in drei Größen $r < s < t$ umbenannt werden. Es existieren zwei voneinander verschiedene reziproke Eigenwerte $\varkappa'$ und $\varkappa''$, so daß

$$\varkappa' < r \text{ oder } s < \varkappa' < t \text{ und } r < \varkappa'' < s \text{ oder } \varkappa'' > t \qquad (8)$$
$$\text{für ungerades } k$$

und

$$p < \varkappa' < q \text{ und } \varkappa'' < p \text{ oder } \varkappa'' > q, \quad k \text{ gerade} \qquad (8')$$

geschrieben werden kann, wenn $p < q$ vorausgesetzt wird. Im Falle eines definiten Hermiteschen Operators $\Re$ existieren nur Eigenwerte eines Vorzeichens. Man überlegt sich leicht, daß p und q nicht beide zugleich negativ sein können und daß die Aussage (8) in (8') enthalten ist. Beide Aussagen sind eine Folge des 3. Einschließungssatzes. Die Aussage (8') führt zur Existenz eines zwischen $1/p$ und $1/q$ gelegenen Eigenwertes. Es gilt also der

5. Einschließungssatz: Ist k gerade oder ist der Operator definit, so schließen die Werte P und

$$Q = \frac{a_k - P\,a_{k+1}}{a_{k+1} - P\,a_{k+2}}, \quad a_{k+1} - P\,a_{k+2} \neq 0 \qquad (7'')$$

mindestens einen Eigenwert von $\Re$ ein.

In dieser Form wird die Einschließungsaussage (8') am häufigsten praktisch angewendet. Sie bleibt für $P = 0$ oder $Q = 0$ richtig,

Spezialfälle. a) Wenn die Gleichung

$$p^2\, a_k - 2\, p\, a_{k+1} + a_{k+2} = 0$$

keine reellen Wurzeln hat, was insbesondere bei definiten Operatoren zutrifft, so ist stets $p \neq q$. Man kann dann p und q so bestimmen, daß $(p - q)^2$ zum Minimum wird. Man findet

$$p,\, q = \frac{a_{k+1}}{a_k} \pm \sqrt{\frac{a_{k+2}}{a_k} - \left(\frac{a_{k+1}}{a_k}\right)^2}\, . \tag{9}$$

Wünscht man, P und Q auf minimalen Abstand zu bringen, so ergibt sich

$$P,\, Q = \frac{a_{k+1}}{a_{k+2}} \pm d_k \tag{10}$$

mit

$$d_k = \sqrt{\frac{a_k}{a_{k+2}} - \left(\frac{a_{k+1}}{a_{k+2}}\right)^2}\, . \tag{10'}$$

Das kleinste Einschließungsintervall, das der 5. Einschließungssatz zuläßt, hat also die Länge $2d_k$. Dieses „minimale" Intervall wurde schon von Weinstein [77] für Differentialgleichungseigenwertprobleme und später von H. Wielandt [85] für Hermitesche Matrizen angegeben.

b) Sei $\mathfrak{K}$ positiv definit und seien $w_0 = \xi$ und $w_1 = \mathfrak{K}\,\xi$ positive Funktionen. Besteht eine Relation $c\,w_1 \leq w_0 \leq d\,w_1$ mit positiven Konstanten c und d, so liegt nach L. Collatz [16] zwischen c und d mindestens ein Eigenwert von $\mathfrak{K}$. Der Beweis dafür erledigt sich besonders einfach mit Hilfe des 5. Einschließungssatzes. Wegen

$$(\overline{\xi},(c\,\mathfrak{K} - 1)\,(d\,\mathfrak{K} - 1)\,\xi) \leq 0$$

existiert eine zwischen c und d gelegene Zahl c', für die

$$(\xi,(c'\,\mathfrak{K} - 1)\,(d\mathfrak{K} - 1)\,\overline{\xi}) = 0$$

ist, also c' und d ein Wertepaar P, Q bilden. Damit ist schon alles bewiesen.

c) Sei $k = 0$. Dann ist

$$F(x) = \begin{vmatrix} 1 & x & x^2 \\ a_0 & a_1 & a_2 \\ a_1 & a_2 & a_3 \end{vmatrix}$$

ein starkes Einschließungspolynom, sofern nicht $F(x) \equiv 0$ ist. Seien p und $q > p$ die beiden Wurzeln von $F(x) = 0$, und sei $F(\mathfrak{K})\,\xi \not\equiv 0$. Dann existieren drei reziproke Eigenwerte $\varkappa'$, $\varkappa''$ und $\varkappa'''$, so daß

$$\varkappa' < p < \varkappa'' < q < \varkappa'''$$

ist.

II. Anmerkungen. 1. Die Einschließungsaussagen dieses Paragraphen gehen zum Teil auf Vorbilder zurück, die sich bei der praktischen Behandlung von Differentialgleichungseigenwertproblemen ergeben haben. Auch auf diesem Gebiet lassen sich Zahlen a_n mit Hilfe eines Iterationsverfahrens einführen. Auf das Ergebnis von Weinstein wurde schon hingewiesen. Das Vorbild des 5. Einschließungssatzes für $k = 0$ wurde von Temple [73] ausgesprochen. Der Quotient q in (7') oder der Quotient Q werden als Templescher Quotient bezeichnet. Die Größe $T(\xi, \lambda)$ in (§ 9, 8) ist mit Q identisch, wenn $k = 0$ gesetzt wird. Unmittelbar für Integralgleichungen hat Lehmann den 5. Einschließungssatz aus der Betrachtung von $T(\xi, \lambda)$ abgeleitet, und zwar im Zusammenhang mit dem von ihm untersuchten Ausdruck $J^*(\xi)$ (vgl. § 9, 5). Zuvor hatte jedoch schon H. Wielandt [85] allgemeine Einschließungssätze für die Eigenwerte Hermitescher Matrizen aufgestellt, die den 5. Einschließungssatz enthalten.

2. In [85] beweist Wielandt einen Einschließungssatz für normale Matrizen. Sei $\Re$ eine normale Matrix, y ein Vektor passender Dimension und seien α und $\beta \neq 0$ beliebige komplexe Zahlen. Man bilde die Hermitesche Matrix $\Re = (\alpha + \beta \Re)(\bar{\alpha} + \bar{\beta} \bar{\Re}') - \alpha \bar{\alpha}$. Dann enthält für $|y| = 1$ jede der komplexen x-Mengen

$$|\alpha + \beta x|^2 - |\alpha|^2 \geq y' \Re y, \quad |\alpha + \beta x|^2 - |\alpha|^2 \leq y' \Re y \tag{11}$$

mindestens einen Eigenwert $\varkappa$ von $\Re$, d. h. es ist $\Re z = \varkappa z$ für einen passenden Vektor z, der nicht der Nullvektor ist. Die Begrenzungen der Mengen (11) sind Kreise oder Geraden. Insbesondere ist der Kreis $\mathfrak{k}$ mit dem Mittelpunkt m und dem Radius ϱ gemäß

$$\varrho^2 = \frac{a_2}{a_0} - m \bar{m}, \quad m = \frac{a_1}{a_0}, \quad a_0 = y \bar{y}, \quad a_1 = \bar{y}' \Re y, \quad a_2 = \bar{y}' \bar{\Re}' \Re y$$

eine der möglichen Begrenzungen. Sei $\mathfrak{S}$ diejenige Kugelfläche, die $\mathfrak{k}$ zum Äquator hat. Man projiziere von einem ihrer Pole aus die Gaußsche Ebene auf $\mathfrak{S}$. Dabei geht die Menge $\mathfrak{m}$ der Eigenwerte von $\Re$ in eine gewisse Menge $\mathfrak{m}'$ auf $\mathfrak{S}$ über. Die Mengen (11) werden auf abgeschlossene Halbkugeln abgebildet. Daher enthält jede abgeschlossene Halbkugel von $\mathfrak{S}$ mindestens einen Punkt aus $\mathfrak{m}'$.

Die mit Hilfe von (11) beschriebenen Einschließungsaussagen lassen sich auf normale Integraloperatoren ohne weiteres übertragen. Für normale Integraloperatoren mit stetigem Kern läßt sich dies leicht mit Hilfe von (I, § 4, 5 und 7) und mit Hilfe von (§ 8, 1) beweisen. Ist also $\Re$ ein normaler Integraloperator und $\mathfrak{m}$ sein Spektrum der reziproken Eigenwerte, so enthält jede abgeschlossene Halbkugel von $\mathfrak{S}$ mindestens einen Punkt aus der Projektion $\mathfrak{m}'$. Für Hermitesche Integraloperatoren sind die Mengen (11) für reelle x durch Einschließungspolynome beschreibbar. Bei der Projektion auf $\mathfrak{S}$ geht die reelle Achse in einen Meridian über. Jeder abgeschlossene Halbkreis dieses Meridians enthält also mindestens einen reziproken Eigenwert.

Eine weitere Arbeit von Wielandt beschäftigt sich mit der Beschreibung sämtlicher Einschließungssätze für normale Matrizen (vgl. [81]). Sei wieder $\mathfrak{K}$ eine normale Matrix und sei y ein Vektor, der durch Transformation mit $\mathfrak{K}$ in $z = \mathfrak{K}\,y$ übergeführt wird. Das Spektrum einer beliebigen normalen Matrix wird **verträglich** mit den Vektoren y und z genannt, wenn diese Matrix ebenfalls y in z transformiert. Dann gilt:

a) Dann und nur dann ist ein Eigenwertspektrum $\varkappa_1, \varkappa_2, \ldots, \varkappa_n$ mit y und z verträglich, wenn die Gleichungen

$$\sum_{i=1}^{n} p_i = a_0, \quad \sum_{i=1}^{n} p_i\,\varkappa_i = \bar{a}_1, \quad \sum_{i=1}^{n} p_i\,|\varkappa_i|^2 = a_2$$

mit lauter $p_i \geq 0$ lösbar sind. Dabei ist $a_0 = \bar{y}\,y$, $a_1 = \bar{y}\,z$, $a_2 = \bar{z}\,z$. (Die Gesamtheit der verträglichen Spektra hängt also nur von den Verhältnissen $a_0 : a_1 : a_2$ ab.)

Eine Punktmenge der komplexen Ebene wird **Einschließungsmenge** genannt, wenn sie aus jedem mit y und z verträglichen Spektrum wenigstens einen Eigenwert enthält. Sie wird **minimale** Einschließungsmenge genannt, wenn keine echte Teilmenge von ihr Einschließungsmenge ist. Sie wird schließlich **eingeschränkte** Einschließungsmenge mit Bezug auf eine Teilmenge $\mathfrak{B}'$ der komplexen Ebene $\mathfrak{B}$ genannt, wenn sie aus jedem ganz in $\mathfrak{B}'$ gelegenen verträglichen Spektrum mindestens einen Eigenwert enthält. Diese Begriffe sind auch von praktischer Bedeutung. Angenommen, man habe mit Hilfe einer normalen Matrix $\mathfrak{K}$ und eines Vektors y die Zahlen a_0, a_1, a_2 berechnet und danach vergessen, von welcher Matrix und von welchem Vektor die Zahlen a_i abgeleitet wurden. Welches sind dann die Aufschlüsse, die man aus den Zahlen a_i über die Lage der Eigenwerte ableiten kann?[1]) Offenbar kann man auf Grund der obigen Aussage a) nur Feststellungen treffen, die sich auf **alle** verträglichen Spektra beziehen. Wünscht man, eine Menge anzugeben, die mindestens einen Eigenwert enthält, so muß diese Menge eine Einschließungsmenge sein. Hat man nicht gänzlich vergessen, von welcher Art $\mathfrak{K}$ war, weiß man z. B. noch, daß $\mathfrak{K}$ eine Hermitesche Matrix war,

---

[1]) In der allgemeinsten Form ist diese Aufgabe von K. Friedrichs und G. Horvay „The Finite Stieltjes Momentum Problem" Proc. nat. Acad. Sc. USA **25** (1939), 528—534 für selbstadjungierte Operatoren $\mathfrak{L}$ und die aus ihnen mit Hilfe einer Funktion y abgeleiteten Momente $a_m = (y, \mathfrak{L}^m y)$ formuliert worden. Diese Arbeit enthält auch Einschließungssätze, die jedoch die gestellte Aufgabe nicht vollständig lösen. Eine vollständige Lösung des Problems für Matrizen wird von H. Wielandt unter dem Titel „Zur Einschließung von Eigenwerten beim Iterationsverfahren", Math. Z. **59**, veröffentlicht werden.

deren Eigenwerte alle auf der reellen Achse $\mathfrak{B}'$ liegen, so beschränkt sich die Aufgabe auf die Angabe einer bezüglich $\mathfrak{B}'$ eingeschränkten Einschließungsmenge. Mit der Beschreibung der sämtlichen Einschließungsmengen wird also alle aus den Zahlen a_i zu ziehende Information geboten, mit der Beschreibung aller minimalen Einschließungsmengen werden die besten Aussagen gemacht. Dies vorausgeschickt, lauten zwei der wichtigsten Ergebnisse von Wielandt:

b) Auf der Kugelfläche $\mathfrak{S}$ gedeutet, sind für $n \geq 4$ (n die Dimension des Vektors y) alle Halbkugeln die sämtlichen minimalen Einschließungsmengen. (Unter Halbkugel ist dabei die Vereinigungsmenge einer offenen Halbkugel mit einer geeignet gewählten Menge von Randpunkten auf dem begrenzenden Großkreis zu verstehen. Würde man sich von der von Wielandt eingeführten Einschränkung $z \not\equiv \mathrm{const.}\ y$ befreien, so dürften die abgeschlossenen Halbkugeln die sämtlichen minimalen Einschließungsmengen sein.)

c) Die Durchschnitte $\mathfrak{E}' = \mathfrak{E}\,\mathfrak{B}'$ liefern die sämtlichen eingeschränkten Einschließungsmengen, wenn $\mathfrak{E}$ alle gewöhnlichen Einschließungsmengen durchläuft; sie liefern die sämtlichen minimalen eingeschränkten Einschließungsmengen, wenn $\mathfrak{E}$ alle gewöhnlichen minimalen Einschließungsmengen durchläuft.

Der Beweis für c) folgt allein aus der Definition der eingeschränkten Einschließungsmengen. Mit jedem $\mathfrak{E}$ ist $\mathfrak{E}' = \mathfrak{E}\,\mathfrak{B}'$ eine eingeschränkte Einschließungsmenge; zu jeder solchen Menge $\mathfrak{E}'$ ist $\mathfrak{E} = \mathfrak{E}' + \mathfrak{B} - \mathfrak{B}'$ mit $\mathfrak{B} - \mathfrak{B}'$ als Komplementärmenge von $\mathfrak{B}'$ in der komplexen Ebene eine gewöhnliche Einschließungsmenge und $\mathfrak{E}' = \mathfrak{E}\,\mathfrak{B}'$.

3. Wir wenden uns jetzt der Übertragung der Ergebnisse 2a und 2c auf Hermitesche Integraloperatoren zu. Den Begriff des verträglichen Spektrums fassen wir allgemeiner, nämlich mit der folgenden **Definition:** Gegeben seien $n + 1$ reelle Zahlen $a_0, a_1, \ldots, a_n$. Das Spektrum eines Hermiteschen Integraloperators $\mathfrak{K}$ heiße verträglich mit den Zahlen a_k, wenn die Gleichungen $(\xi, \bar{\xi}) = a_0$, $(\bar{\xi}, \mathfrak{K}^k \xi) = a_k$ mit Hilfe einer geeigneten Funktion $\xi \not\equiv 0$ erfüllt werden können.

Für alles Folgende setzen wir voraus, daß es zum gegebenen System der Zahlen a_i mindestens ein verträgliches Spektrum gibt. Dann sind die Polynome $F(x) = \sum\limits_{k=0}^{n} f_k\, x_k$ mit reellen Koeffizienten f_k, die die Bedingungen

$$F(x) \not\equiv 0 \quad \text{und} \quad \sum\limits_{k=0}^{n} f_k\, a_k = 0$$

erfüllen, Einschließungspolynome, und zwar für alle verträglichen Spektra. In diesem Zusammenhang gilt nun:

a) Dann und nur dann ist ein Spektrum verträglich, wenn ein endliches System reziproker Eigenwerte des Spektrums existiert, von dem jede Menge $F(x) \geq 0$ und jede Menge $F(x) \leq 0$ mindestens einen Wert enthält.

Beweis: Ist ein Spektrum verträglich, so existiert nach § 9, S. 26 ein Teilsystem; existiert umgekehrt ein Teilsystem, so sind die darauf bezogenen Gleichungen (§ 9, 21) mit positiven $p_i \geq 0$ lösbar. Mit jedem zum Spektrum gehörigen Integraloperator $\mathfrak{L}$ wird die Funktion $\xi = \eta$ nach (§ 9, 23) der Definition des verträglichen Spektrums gerecht.

b) Dann und nur dann ist ein Spektrum verträglich, wenn ein Teilsystem von endlich vielen reziproken Eigenwerten $\sigma_1, \sigma_2, \ldots, \sigma_\nu$ existiert, so daß die Gleichungen

$$\sum_{i=1}^{\nu} p_i \, \sigma_i^k = a_k, \quad k = 0, 1, \ldots n$$

mit positiven $p_i \geq 0$ lösbar sind.

Beweis: Ist das System lösbar, so wird die danach konstruierte Funktion $\xi = \eta$ gemäß (§ 9, 23) der Definition des verträglichen Spektrums gerecht. Der andere Teil der Behauptung ist bereits in § 9, S. 27 bewiesen worden.

Mit Bezug auf die reziproken Eigenwerte übernehmen wir wörtlich die Definitionen der gewöhnlichen, eingeschränkten und minimalen Einschließungsmengen. Es ist nicht schwer, Einschließungsmengen anzugeben. Jede Menge $F(x) \geq 0$ und jede Menge $F(x) \leq 0$ mit $F(x)$ als Einschließungspolynom bezüglich der Zahlen a_k ist eine Einschließungsmenge. Trivialerweise sind aber auch — und zwar unabhängig von den Zahlen a_k — alle diejenigen Mengen Einschließungsmengen, die den Punkt $x = 0$ als inneren Punkt enthalten; denn $x = 0$ ist entweder reziproker Eigenwert oder Häufungspunkt von reziproken Eigenwerten. Es gibt keine minimale Einschließungsmenge, die den Punkt $x = 0$ im Inneren enthält, weil es beliebig kleine Intervalle mit dieser Eigenschaft gibt.

Wir beweisen jetzt

c) Sei $\mathfrak{E}$ eine Einschließungsmenge, die von jedem verträglichen Spektrum einen von Null verschiedenen Wert enthält. Dann enthält $\mathfrak{E}$ eine Punktmenge $F(x) < 0$ mit $F(x)$ als geeignetem Einschließungspolynom [1]).

Zum Beweise bilden wir das Komplement $\mathfrak{F}$ von $\mathfrak{E}$ gegenüber der Menge aller reellen Zahlen. $\mathfrak{F}$ kann nicht sämtliche von Null verschiedenen reziproken Eigenwerte eines jeden verträglichen Spektrums enthalten. Ist $\mathfrak{F}$ leer, so ist die Behauptung c) trivial. Besteht $\mathfrak{F}$ aus den endlich vielen Punkten $\sigma_1, \sigma_2, \ldots, \sigma_r$, so muß das aus diesen Punkten und dem Wert $x = 0$ gebildete Spektrum, zu dem — wie in § 9 gezeigt — immer ein Hermitescher Integraloperator gehört, unverträglich sein. Nach a) existiert daher ein Einschließungspolynom $F_r(x)$ mit der Eigenschaft $F_r(x) > 0$ für $x = \sigma_i$, $i = 1, 2, \ldots, r$. Dieses Polynom bestätigt die Behauptung c). — Besitzt $\mathfrak{F}$ unendlich viele Punkte, so sei $\sigma_1, \sigma_2, \ldots, \sigma_r, \ldots$ ein abzählbares System solcher Punkte mit der Eigenschaft, daß jeder Punkt von $\mathfrak{F}$ entweder diesem System angehört oder ein Häufungspunkt dieses Systems ist. Es existieren jetzt Einschließungspolynome $F_r(x)$ für alle natürlichen Zahlen r mit der Eigenschaft $F_r(\sigma_k) > 0$ für $k \leq r$. Man kann die Polynome F_r dadurch normieren, daß man die Quadratsumme ihrer Koeffizienten zu Eins macht. Dann existiert eine Teilfolge der F_r, die in jedem endlichen Intervall gleichmäßig gegen ein Einschließungspolynom $F(x)$ konvergiert. Es ist dann $F(x) \geq 0$ für x aus $\mathfrak{F}$. Die Menge $F(x) < 0$ ist daher in $\mathfrak{E}$ enthalten. Damit

---

[1]) Diese Aussage soll auch den Fall $F(x) \geq 0$ für alle reellen x einschließen. $F(x) < 0$ ist dann leer. 3*

ist die Behauptung bewiesen. Sie gilt insbesondere für alle Einschließungsmengen $\mathfrak{E}$, die den Punkt $x = 0$ nicht enthalten. Das Ergebnis läßt sich auf solche Einschließungsmengen $\mathfrak{E}$ ausdehnen, die den Punkt 0 als Randpunkt enthalten, sonst aber keinen weiteren Einschränkungen unterliegen. Dann existiert eine Folge von Punkten $\tau_1, \tau_2, \ldots, \tau_r, \ldots$ aus $\mathfrak{F}$ mit der Eigenschaft $\lim_{r \to \infty} \tau_r = 0$ und $\sum |\tau_r| = 1$. Mit Bezug auf ein vollständiges stetiges, gleichmäßig beschränktes und reelles Orthonormalsystem (u_n) (man kann z. B. das System wählen, das den Fourierreihen des Intervalls $\langle 0, 1 \rangle$ zugrunde liegt) läßt sich der stetige Kern $K_r(s, t) = \sum_{i=1}^{r} \sigma_i u_i(s) u_i(t) + \sum_{i=r+1}^{\infty} \tau_i u_i(s) u_i(t)$ konstruieren, der keinen reziproken Eigenwert von der Größe Null besitzt und dessen Spektrum ganz in $\mathfrak{F}$ liegt. Mithin ist sein Spektrum unverträglich, es existiert das schon beschriebene Polynom F_r und alle weiteren Schlüsse erledigen sich nach dem obigen Beispiel. — Mithin gilt die allgemeinere Aussage.

c′) Jede Einschließungsmenge, die den Punkt $x = 0$ nicht als inneren Punkt besitzt oder die von jedem verträglichen Spektrum einen von Null verschiedenen reziproken Eigenwert einschließt, enthält eine Menge $F(x) < 0$ mit $F(x)$ als geeignetem Einschließungspolynom.

Die Ergebnisse c) und c′) übertragen sich auch auf eingeschränkte Einschließungsmengen, und zwar gilt 2c) wörtlich für Hermitesche Integraloperatoren.

6. Beispiel:

1. $K(s, t) = \mathrm{Min}\,(s, t)$. Der Kern ist positiv definit. Für $\xi = w_0 = 1$ indet man bis zu $n = 4$ die folgende Tabelle für die durch (5), (10) und (10′) erklärten Zahlen:

n	a_n	μ_n	$2d_{n-2}$	$\mu_n - d_{n-2}$	$\mu_n + d_{n-2}$
0	1				
1	$1/3$	3			
2	$2/15$	2,5	2,24	1,38	3,62
3	$17/315$	2,471	0,54	2,20	2,74
4	$\dfrac{62}{5 \cdot 7 \cdot 81}$	2,468	0,17	2,38	2,55

Es ist $\lambda_1 \approx 2{,}46740$. Nach 2b) (S. 29) trennen die Zahlen μ_n die Eigenwerte, insbesondere sind sie also obere Schranken für λ_1. Die beiden letzten Spalten beziehen sich auf den Weinsteinschen Spezialfall. Sie geben die Endpunkte von Einschließungsintervallen an. — Das starke Einschließungspolynom 3c) (S. 31) ist $F(x) = 105 x^2 - 45 x + 1$, abgesehen von einem konstanten Faktor. Seine reziproken Nullstellen sind $x_1 = 2{,}469$ und $x_2 = 42{,}531$. Da nur positive Eigenwerte existieren, so führt es zur Existenz von drei Eigenwerten $\lambda', \lambda'', \lambda'''$, die der Einschränkung $0 < \lambda' < 2{,}469 < \lambda'' < 42{,}531 < \lambda'''$ unterliegen. — Der 5. Einschließungssatz für $n = 2$ liefert zu $P = \mu_4$ den Wert $Q = 28$. Hieraus folgt $2{,}468 \leq \lambda'' \leq 28$. Der zweite Eigenwert λ_2 ist $\lambda_2 \approx 22{,}21$.

III. Abschnitt.

Iterationsverfahren.

§ 11. Asymptotisches Gesetz der klassischen Iteration.

Die schon in § 10 eingeführte Folge $w_0, w_1 = \Re\, w_0, w_2 = \Re^2 w_0, \ldots,$ $w_n = \Re^n w_0$ läßt sich auch durch die *Iteration*

$$w_{n+1} = \Re\, w_n \tag{1}$$

aus w_0 ableiten. Sie ist seit langem angewendet und untersucht worden, um näherungsweise Eigenfunktionen und Eigenwerte zu berechnen. Die folgenden Darlegungen beziehen sich im wesentlichen auf Ergebnisse, die mit der *Konvergenz* oder dem *asymptotischen Verhalten* der Folge zusammenhängen. Was man ohne Konvergenzbetrachtungen mit Abschnitten der Folge (1) erreichen kann, wurde in der Beschränkung auf Hermitesche Operatoren schon im II. Abschnitt gezeigt.

Die allgemeinsten Ergebnisse über das Verhalten der Folge (1) wurden von H. Wielandt [82] gefunden. Sie sollen im folgenden abgeleitet werden, und zwar in mehreren Schritten.

Wir denken uns die Eigenwerte $K(s, t)$ nach wachsendem Betrag geordnet

$$\lambda_1, \lambda_2, \ldots,$$

wobei also $|\lambda_i| \leq |\lambda_k|$ für $i < k$ sei. In dieser Folge soll jede Nullstelle der Fredholmschen Determinante *nur einmal* vertreten sein, und diese Abrede soll für diesen ganzen Abschnitt gelten. Wir setzen noch $\varkappa_\nu = 1/\lambda_\nu$. Aus dem bereits erwähnten Umstand, daß die Reihe $D(s, t; \lambda)$ eine von s und t unabhängige Majorante besitzt, die für alle Werte von λ konvergiert, ergibt sich die Existenz einer von s und t unabhängigen Majoranten für die Neumannsche Reihe (I, § 2, 13) mit dem Konvergenzradius $|\lambda_1|$. Demnach dürfen wir

$$\boxed{|K^{(n)}(s, t)| \leq (|\varkappa_1| + \varepsilon)^n \text{ für } n \geq N(\varepsilon)} \tag{2}$$

schreiben, wobei $\varepsilon > 0$ beliebig gewählt werden kann. N hängt nur von ε ab. Besitzt $K(s, t)$ keine Eigenwerte, so darf $\varkappa_1$ durch Null ersetzt werden.

2. Zu λ_1 gehört eine Aufspaltung (I, § 3, 7)

$$\Re = \mathfrak{A}_1 + \mathfrak{B}_1$$

in zwei zueinander orthogonale Operatoren, von denen $\mathfrak{A}_1$ nur λ_1 zum Eigenwert hat und $\mathfrak{B}_1$ das Eigenwertspektrum von $\Re$ ohne λ_1 besitzt. Auf $\mathfrak{B}_1$ läßt sich der gleiche Aufspaltungsprozeß anwenden und so fort.

Hieraus läßt sich schließen, daß jedem Eigenwert λ_k eine Aufspaltung

$$\Re = \mathfrak{B}_k + \sum_{i=1}^{k} \mathfrak{A}_i \tag{3}$$

zugeordnet werden kann, wobei $\mathfrak{A}_i$ den einzigen Eigenwert λ_i besitzt und orthogonal zu allen anderen Summanden der rechten Seite von (3) ist. Zu $\mathfrak{B}_k$ gehören die Eigenwerte $\lambda_{k+1}, \lambda_{k+2}, \ldots$. Jede Eigenfunktion zu λ_i und $\Re$ ist eine Eigenfunktion zu λ_i und $\mathfrak{A}_i$ und umgekehrt. Für die Iterierten von $\Re$ gilt wegen der Ausfpaltung von (3) in orthogonale Summanden

$$\Re^n = \mathfrak{B}_k^n + \sum_{i=1}^{k} \mathfrak{A}_i^n. \tag{3'}$$

Es seien nunmehr die Funktionen

$$w_\nu^{(n)} = \mathfrak{A}_\nu^n \, w_0 \quad \text{für} \quad n = 1, 2, \ldots \tag{4}$$

betrachtet. Es handelt sich um die Iterierten von w_0 mit Bezug auf den Operator $\mathfrak{A}_\nu$. Verschwindet die Funktion $w_\nu^{(1)}(s)$ identisch, so gilt das gleiche für alle Funktionen der Folge (4). Diesen Fall lassen wir zunächst beiseite. Mit Bezug auf ein geeignetes Biorthonormalsystem $\varphi_1(s), \varphi_2(s), \ldots, \varphi_\varrho(s)$ und $\psi_1(s), \psi_2(s), \ldots, \psi_\varrho(s)$ besitzt $\mathfrak{A}_\nu$ nach (I, § 3, 8) eine Darstellung des Kerns

$$A_\nu(s, t) = \varkappa_\nu \sum_{i,k=1}^{\varrho} a_{ik} \, \varphi_i(s) \, \psi_k(t),$$

wobei ϱ die Nullstellenordnung von λ_ν bezeichnet und die Koeffizienten a_{ik} eine Dreiecksmatrix bilden, bei der $a_{kk} = 1$ und $a_{ik} = 0$ für $i < k$ ist. Zieht man von dieser Dreiecksmatrix die Einheitsmatrix ab, so ergibt die ϱ-te Potenz der Restmatrix die Nullmatrix. Diesem Sachverhalt entspricht die Gleichung $(\mathfrak{A}_\nu - \varkappa_\nu)^\varrho \, \varphi \equiv 0$ für alle Linearkombinationen φ aus den Funktionen φ_i der obigen Kerndarstellung. Nun ist auch $w_\nu^{(1)}$ eine solche Linearkombination. Daher muß für eine geeignete natürliche Zahl r

$$(\mathfrak{A}_\nu - \varkappa_\nu)^{r+1} \, w_\nu^{(1)} \equiv 0 \tag{5}$$

und

$$\frac{\varkappa_\nu^{-r-1}}{r!} \, (\mathfrak{A}_\nu - \varkappa_\nu)^r \, w_\nu^{(1)} = \eta_\nu \not\equiv 0 \tag{6}$$

sein. Es ist dann η_ν eine zu $\Re$ und $\varkappa_\nu$ gehörige Eigenfunktion. Aus (5) und (6) folgt weiter

$$w_\nu^{(n+1)} = \left\{ \varkappa_\nu^n + \varkappa_\nu^{n-1} \binom{n}{1} (\mathfrak{A}_\nu - \varkappa_\nu) + \cdots + \varkappa_\nu^{n-r} \binom{n}{r} (\mathfrak{A}_\nu - \varkappa_\nu)^r \right\} \cdot w_\nu^{(1)}$$

und hieraus

$$w_\nu^{(n)} = \varkappa_\nu^n \, n^r \left(\eta_\nu + \frac{d_\nu^{(n)}}{n} \right) \tag{7}$$

mit einem eine Funktion $d_\nu^{(n)}$ enthaltenden Restglied. Für die Funktion $d_\nu^{(n)}$ gilt eine Ungleichung der Form

$$|d_\nu^{(n)}(s)| \leq \Delta_\nu \tag{7'}$$

mit einer geeigneten, nur von w_0 und von ν abhängigen Schranke Δ_ν. Im wichtigen Spezialfalle $r = 0$ vereinfacht sich (7) zu

$$w_\nu^{(n)}(s) = \varkappa_\nu^n\, \eta_\nu(s). \tag{8}$$

Dieser Fall tritt ein, wenn (a_{ik}) eine *reine Diagonalmatrix* ist, insbesondere für $\varrho = 1$, wenn also λ_ν einfache Nullstellenordnung besitzt.

Da r im allgemeinen noch von ν abhängt, sei im folgenden $r = r_\nu$ gesetzt. Es sei jetzt der bisher beiseite gelassene Fall $w_\nu^{(1)}(s) \equiv 0$ aufgegriffen. Indem wir

$$\begin{aligned} \delta_\nu &= 1 \ \text{ für } \ w_\nu^{(1)} \not\equiv 0 \\ \delta_\nu &= 0 \ \text{ für } \ w_\nu^{(1)} \equiv 0 \end{aligned} \tag{9}$$

setzen, sind wir in der Lage, den Spezialfall $r = 0$ und $\delta_\nu = 0$ zu berücksichtigen, indem wir (7) ersetzen durch

$$w_\nu^{(n)}(s) = \varkappa_\nu^n\, n^{r_\nu}\, \delta_\nu \left(\eta_\nu(s) + \frac{r_\nu\, d_\nu^{(n)}(s)}{n} \right). \tag{10}$$

Die Funktion $\eta_\nu(s)$ bedeutet eine zu λ_ν gehörige, nicht identisch verschwindende Eigenfunktion von $K(s, t)$. Wir betrachten nunmehr noch die Iterationsfolge

$$\widetilde{w}_\nu^{(n)} = \mathfrak{B}_\nu^n\, w_0; \quad n = 1, 2, \ldots. \tag{11}$$

Mit Rücksicht auf (2) darf gesetzt werden

$$|\widetilde{w}_\nu^{(n)}| \leq (|\varkappa_{\nu+1}| + \varepsilon)^n \ \text{ für } \ n \geq N(\varepsilon), \tag{12}$$

wobei $\varepsilon > 0$ vorgegeben und $N(\varepsilon)$ unabhängig von n gewählt werden kann. Existiert $\lambda_{\nu+1}$ nicht, so darf $\varkappa_{\nu+1} = 0$ gesetzt werden.

3. Sind keine Eigenwerte vorhanden oder verschwinden alle Zahlen $\delta_\nu \varkappa_\nu$, so darf wegen (12)

$$|w_n(s)| \leq \varepsilon^n \ \text{ für } \ n \geq N(\varepsilon) \tag{13}$$

geschrieben werden. Die Zahl $\varepsilon > 0$ ist beliebig vorgegeben. N hängt nur von ε, w_0 und $K(s, t)$ ab. Verschwinden dagegen nicht alle Zahlen $\delta_\nu \varkappa_\nu$, so sei m derjenige Index, für den die Ungleichungen

$$\left\{ \begin{aligned} |\delta_m \varkappa_m| &\geq |\delta_\nu \varkappa_\nu| \\ r_m &\geq r_\nu, \ \text{ falls } \ |\delta_m \varkappa_m| = |\delta_\nu \varkappa_\nu| \end{aligned} \right. \tag{14}$$

zugleich bestehen. Existieren mehrere Indizes m von dieser Art, so seien diese durch die Zahlen

$$m,\ m+1,\ \ldots,\ m+\mu$$

dargestellt. Das lückenlose Aufeinanderfolgen der Indizes bedeutet keine Beschränkung der Allgemeinheit. Indem $k = m + \mu$ in der Zerlegung (3) gesetzt und die Formeln (10)—(12) berücksichtigt werden, ergibt sich die allgemeine *Wielandtsche Formel*

$$w_n(s) = n^{rm}\left\{\frac{\varkappa_m^n}{n}\,d_n(s) + \sum_{\nu = m}^{m+\mu} \varkappa_\nu^n\,\eta_\nu(s)\right\}. \tag{15}$$

Dabei gilt

$$\left|d_n(s)\right| \leq W \cdot \varDelta^{(m)}, \tag{15'}$$

wobei W eine obere Schranke für $\left|w_0(s)\right|$ und $\varDelta^{(m)}$ eine nur von $K(s, t)$ und vom Index m abhängige Zahl bedeutet. Ist $r_m = 0$, so darf

$$w_n(s) = \sum_{\nu = m}^{m+\mu} \varkappa_\nu^n\,\eta_\nu(s) + \varkappa^n\,d_n(s) \tag{16}$$

gesetzt werden, wobei $\left|\varkappa\right| < \left|\varkappa_m\right|$ ist und $\left|d_n(s)\right|$ einer Abschätzung vom Charakter (15') genügt. Die Formel (16) gilt auch im Falle $\left|\delta_m\,\varkappa_m\right| \geq \left|\delta_{m+1}\varkappa_{m+1}\right| \geq \cdots \geq \left|\delta_{m+\mu}\varkappa_{m+\mu}\right|$, wenn nur die Zahlen $\delta_1, \delta_2, \ldots, \delta_{m-1}$; $r_m, r_{m+1} \cdots r_{m+\mu}$ alle verschwinden.

Die Zusammenfassung des bisher Abgeleiteten bildet den Inhalt eines in [82] von H. Wielandt aufgestellten Konvergenzsatzes. Bis auf Vereinfachungen, die sich aus der Aufspaltung von $\mathfrak{K}$ in orthogonale Operatoren und aus der Anwendung von (2) ergeben, ist die Ableitung des Satzes auf die Beweisführung in [82] gegründet worden. Der Sachverhalt $\delta_\nu = 0$ wird in [82] in anderer Form beschrieben. Dies soll im nächsten Paragraphen behandelt werden.

§ 12. Der Begriff der Beteiligung.

Die Bedingung

$$\mathfrak{A}_i\,w_0 = 0 \text{ oder } \delta_i = 0, \tag{1}$$

die das Abbrechen der Folge $w_i^{(n)}$ entscheidet, läßt sich noch allgemeiner formulieren. Aus ihr folgt

$$\mathfrak{A}_i(\lambda)\,w_0 = 0 \tag{2}$$

zumindest für so kleine Werte von λ, daß die Neumannsche Reihe für $\mathfrak{A}_i(\lambda)$ konvergiert. Da $\mathfrak{A}_i(\lambda)$ aber analytisch in λ ist, gilt (2) schlechthin. Die Gleichung

$$y = \lambda\,\mathfrak{K}\,y + w_0 \tag{3}$$

läßt sich eindeutig auflösen, falls λ kein Eigenwert ist. Schreiben wir $\mathfrak{K} = \mathfrak{A}_i + \mathfrak{B}$ entsprechend der Aufspaltung (I, § 3, 7), so ist wegen (2)

$y = w_0 + \lambda \, \mathfrak{B}(\lambda) \, w_0$ eine für $\lambda = \lambda_i$ reguläre Funktion von λ, weil $\mathfrak{B}(\lambda)$ für $\lambda = \lambda_i$ regulär ist. Hiermit verbindet Wielandt den folgenden Satz:

Dann und nur dann lassen sich die Gleichungen

$$(\mathfrak{K} - \varkappa_i)^r \, y = w_0 \tag{4}$$

für alle natürlichen Zahlen r nach y lösen, wenn die Lösung von

$$(\mathfrak{K} - \varkappa) \, y = w_0$$

regulär für $\varkappa = \varkappa_i$ ist.

Die Bedingung (1) gibt also das Kriterium für die Lösbarkeit der Gleichungen (4). Wielandt drückt diesen Sachverhalt noch anders aus. Er nennt $\varkappa$ an w_0 *unbeteiligt, wenn* alle Gleichungen

$$(\mathfrak{K} - \varkappa)^v \, y = w_0$$

lösbar sind, anderenfalls heißt $\varkappa$ *beteiligt.* Demnach ist $\varkappa_i$ an $w_0(s)$ dann und nur dann beteiligt, wenn (1) verletzt ist. Wenn die Folge $w_n(s)$ aus einer willkürlich gewählten Funktion $w_0(s)$ abgeleitet wird, so darf allgemein erwartet werden, daß jeder Wert $\varkappa_i = 1/\lambda_i$ an $w_0(s)$ beteiligt ist. Nur durch Zufall oder Berechnung wird eine Beteiligung von $\varkappa_i$ vermieden. Im folgenden wird der Sachverhalt, $\varkappa_i = 1/\lambda_i$ sei beteiligt oder unbeteiligt, auch in der Form, der Eigenwert λ_i sei beteiligt oder unbeteiligt, umschrieben werden.

Setzt man $w_0(s) = K(s, t)$, wobei t als Parameter betrachtet sei, so muß ein beliebiger Eigenwert λ_i für mindestens einen Wert von t an $K(s, t)$ beteiligt sein. Anderenfalls müßte

$$\mathfrak{A}_i \, \mathfrak{K} = \mathfrak{A}_i^2 = 0$$

sein, woraus z. B. die Konvergenz der Neumannschen Reihe für $\mathfrak{A}_i$ für alle Werte von λ folgte, was im Widerspruch zur Existenz von λ_i steht.

Im allgemeinen wird $m = 1$ und $\mu = 0$ in der Formel (§ 11, 15) zu setzen sein. Die klassische Iteration führt dann zur Approximation der 1. Eigenfunktion; man hat nur die Funktion $w_n(s)$ geeignet zu normieren. Hierfür ein praktisches Beispiel:

7. Beispiel:

$$K(s, t) = \mathrm{Min}\,(s, t)\,; \quad w_0(s) \equiv 1\,.$$

Es ist

$$2\, w_1 = u_1 = 2\, s - s^2$$

$$\frac{24}{5}\, w_2 = u_2 = \frac{8}{5}\, s - \frac{4}{5}\, s^3 + \frac{s^4}{5}$$

$$\frac{6!}{61}\, w_3 = u_3 = \frac{96}{61}\, s - \frac{40}{61}\, s^3 + \frac{6}{61}\, s^5 - \frac{s^6}{61}\,.$$

Es ist dann

n	$u_n(0)$	$u_n\left(\dfrac{1}{3}\right)$	$u_n(1)$
0	1	1	1
1	0	$\dfrac{5}{9}$	1
2	0	$\dfrac{41}{81}$	1
3	0	$\dfrac{365}{729}$	1

Die Funktionen u_n sind durch $u_n(1) = 1$ normiert. Die 1. Eigenfunktion ist, auf die gleiche Weise normiert, $y_1 = \sin\dfrac{\pi x}{2}$. Für $s = 1/3$ ist $y_1(s) = 1/2$. Die Tabelle läßt die Approximation dieses Funktionswertes erkennen.

§ 13. Anwendung des klassischen Iterationsverfahrens auf die inhomogene Integralgleichung.

Es werde die Iterationsfolge

$$u_{n+1} = f + \lambda \, \Re \, u_n \tag{1}$$

bei gegebener zulässiger Funktion $u_0(s)$ betrachtet. Die Gleichung (I, § 1, 1) $y = \lambda \, \Re \, y + f$ sei als lösbar vorausgesetzt, falls λ ein Eigenwert ist. Ist y eine Lösung, so setzen wir

$$v_n = u_n - y \tag{2}$$

$$w_n = \frac{v_n}{\lambda^n} . \tag{3}$$

Es ist dann

(§ 11, 1) $w_{n+1} = \Re \, w_n$

die in § 11 behandelte Iterationsfolge. Entsprechend den in § 11 unterschiedenen Fällen ergibt sich

a) Alle Zahlen $\delta_\nu \varkappa_\nu = 0$ oder kein Eigenwert vorhanden. Es ist

$$\lim_{n \to \infty} v_n(s) = 0, \quad \lim_{n \to \infty} u_n(s) = y$$

im Sinne gleichmäßiger Konvergenz.

b) Fall der Formel (§ 11, 15). Es ist

$$\lim_{n \to \infty} v_n(s) = 0, \quad \lim_{n \to \infty} u_n(s) = y$$

für $|\lambda| < |\lambda_m|$. Im Falle $\lambda = \lambda_m$, $\mu = 0$, $r_m = 0$ ist

$$\lim_{n \to \infty} v_n(s) = \eta_m(s), \quad \lim_{n \to \infty} u_n(s) = y + \eta_m(s).$$

Hierbei ist auch $y + \eta_m(s)$ eine Lösung der Gleichung (I, § 1, 1). In allen anderen Fällen, nämlich $|\lambda| > |\lambda_m|$, $|\lambda| = |\lambda_m|$ aber $\lambda \neq \lambda_m$ oder $\lambda = \lambda_m$ aber $r_m + \mu > 0$ divergiert die Folge $u_n(s)$. Alles dies ist eine unmittelbare Folge von (§ 11, 15). Die Divergenzaussagen beruhen zum Teil darauf, daß Eigenfunktionen zu verschiedenen Eigenwerten, insbesondere also $\eta_m(s), \ldots, \eta_{m+\mu}(s)$, nicht linear abhängig sein können. Im allgemeinen ist λ_1 an w_0 beteiligt. Daher kann das Iterationsverfahren nur für $|\lambda| < |\lambda_1|$ benutzt werden. Die numerische Behandlung der inhomogenen Integralgleichungen erfolgt durch Ausrechnen einer gewissen Anzahl von Iterierten u_n. Von Verbesserungen und Abänderungen wird noch weiter unten die Rede sein.

§ 14. Die Berechnung des 1. Eigenwertes eines beliebigen Kerns für den Fall $|\lambda_1| < |\lambda_2|$.

Es sei λ_1 vorhanden. Ohne Beschränkung der Allgemeinheit darf angenommen werden, daß λ_1 an w_0 beteiligt ist. Ferner sei $|\lambda_1| < |\lambda_2|$ falls λ_2 vorhanden. Man darf jetzt (§ 11, 15) in der einfacheren Form

$$w_n(s) = n^r \varkappa_1^n \left(\eta_1(s) + \frac{d_n(s)}{n} \right) \tag{1}$$

anwenden, wobei $\eta_1(s)$ eine zu λ_1 gehörige Eigenfunktion ist. Aus (1) folgt unmittelbar

$$\lim_{n \to \infty} \lambda_1^n \, n^{-r} \, w_n(s) = \eta_1(s). \tag{2}$$

Die passend normierten Funktionen w_n konvergieren also gegen eine 1. Eigenfunktion, und zwar gleichmäßig. Aus der Folge (2) kann man aber auch λ_1 berechnen. Es sind verschiedene Möglichkeiten vorgeschlagen worden, um aus (2) eine gegen λ_1 konvergierende Zahlenfolge $\Lambda^{(1)}, \Lambda^{(2)}, \ldots$ abzuleiten. Es kommt darauf an, durch geeignete Wahl von $\Lambda^{(n)}$ den Einfluß von λ_1 zu stärken, den Einfluß von $\lambda_2 \ldots$ möglichst zu vermindern.

Zur Bildung der Folge $\Lambda^{(n)}$ benutzt man im allgemeinen *lineare Funktionale* $\mathfrak{G}$. Sie ordnen jeder zulässigen Funktion u einen Wert $\mathfrak{G} u$ zu; dabei gilt für irgend zwei Funktionen u und v und zwei Konstante c_1 und c_2 $\mathfrak{G}(c_1 u + c_2 v) = c_1 \mathfrak{G} u + c_2 \mathfrak{G} v$. Sei $\mathfrak{G} \eta_1 \neq 0$, und seien alle $|\mathfrak{G}(u)|$ für $|u(s)| \leq 1$ gleichmäßig beschränkt. Alsdann sind fast alle Zahlen $\mathfrak{G} w_n \neq 0$, und die Folge

$$\Lambda^{(n)} = \frac{\mathfrak{G} w_{n-1}}{\mathfrak{G} w_n}, \tag{3}$$

von endlich vielen Ausnahmen abgesehen, ist wohldefiniert. Die Folge
konvergiert gegen λ_1. Eine weitere Folge $\Lambda^{(n)}$ läßt sich durch

$$\Lambda^{(n)} = (\mathfrak{G}\, w_n)^{-\frac{1}{n}} \tag{4}$$

erklären. Auch sie muß bei passender Bestimmung der n. Wurzel gegen
λ_1 konvergieren, wenn $\mathfrak{G}\,\eta_1 > 0$ ist. Als Funktionale eignen sich besonders die Integrale $\mathfrak{G}\,u = (u, \bar{w}_0)$. Es ist dann $\mathfrak{G}\,w_n = a_n$ die bereits in
(II, § 9) eingeführte Zahl, dort allerdings nur im Zusammenhang mit
Hermiteschen Integraloperatoren. Die Relation (§ 10, 2) wird im allgemeinen nicht im Falle beliebiger Integraloperatoren anwendbar sein.
Wenig Rechenarbeit verursacht das Funktional $\mathfrak{G}\,u = u(x)$, wobei x
eine vorgegebene feste Abszisse ist. Als eines der wichtigsten nichtlinearen Funktionale kann man $\mathfrak{G}\,u = (u, \bar{u})^{1/2}$ benutzen. Es wurde von
O. D. Kellogg [38] im Zusammenhang mit reellen symmetrischen
Kernen eingeführt. Die Folge (3) konvergiert auch in diesem Falle
gegen λ_1. Kellogg bewies auch, daß die geeignet normierten Funktionen w_n gegen eine erste Eigenfunktion konvergieren.

Die Auswahl der Anfangsfunktionen w_0 sollte man von der Bauart
des Kernes $K(s, t)$ abhängig machen. Ist beispielsweise $K(s, t)$
$= K(1 - s, 1 - t)$, so ist mit $y(s)$ auch $y(1 - s)$ eine Eigenfunktion.
Man wird dann auch ein w_0 mit einer Symmetrieeigenschaft wählen.

Es sei noch der spezielle Fall $w_0(s) = K(s, x)$ mit x als festem Parameter betrachtet. Die Iterierten sind $w_{n-1}(s) = K^{(n)}(s, x)$. In diesem Falle
kann man allein schon aus den Eigenschaften von $\Gamma(s, t; \lambda)$, insbesondere
aus (§ 11, 2) schließen, daß

$$\limsup_{n \to \infty} \left| K^{(n)}(s, x) \right|^{\frac{1}{n}} \leq |\varkappa_1| \tag{5}$$

gilt, und daß für mindestens ein Wertepaar $s = \bar{s}$, $x = \bar{x}$ das Gleichheits-
zeichen stehen muß. Auf Grund von (4) lassen sich $\bar{s}$ und $\bar{x}$ so bestimmen,
daß

$$\lim_{n \to \infty} \left| K^{(n)}(\bar{s}, \bar{x}) \right|^{\frac{1}{n}} = |\varkappa_1| \tag{6}$$

ist. Diese Formel ermöglicht es, Einschließungen für $|\varkappa_1|$ zu finden. Es
sei etwa

$$\left| K^{(n)}(s, x) \right| \leq M_n \quad \text{für} \quad 0 \leq s, x \leq 1. \tag{7}$$

Hieraus folgt $\left| K^{(nk)}(s, x) \right| \leq M_n^k$. In Verbindung mit (6) ergibt sich weiter
$|\varkappa_1| \leq M_n^{1/n}$. Ist ferner mit Bezug auf einen reellen Kern

$$0 \leq m_n \leq K^{(n)}(s, x) \quad \text{für} \quad 0 \leq s, x \leq 1 \tag{8}$$

oder

$$0 \leq m_n \leq - K^{(n)}(s, x) \quad \text{für} \quad 0 \leq s, x \leq 1, \tag{8'}$$

so ergibt sich auf die nämliche Weise $m_n^{1/n} \leq |\varkappa_1|$. Zusammen ergibt sich

$$m_n^{\frac{1}{n}} \leq |\varkappa_1| \leq M_n^{\frac{1}{n}} \tag{9}$$

als Folge von (6) — (8′). Im Falle eines Hermiteschen Kerns kann man M_n durch die Spur S_n von $K^{(n)}(s, t)$ ersetzen.

In vielen Fällen, z. B. wenn alle Eigenwerte die Ordnung 1 und verschiedene Beträge haben, genügen die $\Lambda^{(n)}$ einem Gesetz

$$\Lambda^{(n)} = \lambda_1 + cq^n + O(r^n) \quad \text{mit} \quad 0 < r < q < 1^1) \tag{10}$$

Dieser Umstand kann dazu benutzt werden, um die Folge $\Lambda^{(n)}$ in eine stärker konvergierende zu transformieren. Man setze z. B.

$$\tilde{\Lambda}^{(n)} = \frac{\Lambda^{(n-1)} \cdot \Lambda^{(n+1)} - \Lambda^{(n)\,2}}{\Lambda^{(n-1)} + \Lambda^{(n+1)} - 2\,\Lambda^{(n)}}. \tag{11}$$

Auf die Zweckmäßigkeit konvergenzverstärkender Transformationen bei Folgen von Näherungslösungen irgendwelcher Probleme hat insbesondere Richardson [58] hingewiesen. Es ist nützlich, vor der Ausführung der Transformation einen mittleren Wert der $\Lambda^{(n)}$ abzuspalten. Für die Rechnungen müssen einige Stellen mehr mitgenommen werden als für die Kennzeichnung des Eigenwertes verlangt werden.

8. Beispiel:

Sei $K(s, t) = s + \text{Min}\,(s, t)$. Es sind lauter positive Eigenwerte vorhanden. Der niedrigste ist $\lambda_1 = \dfrac{\pi^2}{9} \approx 1{,}09662$ mit der Eigenfunktion $y_1 = \sin\dfrac{\pi s}{3}$. Mit $w_0(s) \equiv 1$ findet man

$$w_1(s) = 2\,s - \frac{s^2}{2}$$

$$w_2(s) = \frac{5}{3}\,s - \frac{s^3}{3} + \frac{s^4}{24}$$

$$w_3(s) = \frac{91}{60}\,s - \frac{5\,s^3}{18} + \frac{s^5}{60} - \frac{s^6}{720}.$$

Wir setzen $\mathfrak{G}_1\,u = u(1)$, $\mathfrak{G}_2\,u = (u, w_0)$. Man findet die folgenden Tabellen:

n	$\mathfrak{G}_1 w_n$	$\Lambda_n^{(n)} = \dfrac{\mathfrak{G}_1 w_{n-1}}{\mathfrak{G}_1 w_n}$	$\tilde{\Lambda}^{(n)}$	$(\mathfrak{G}_1 w_n)^{-\frac{1}{n}}$
0	1			
1	$\dfrac{3}{2}$	$\dfrac{2}{3} \doteq 0{,}66\ldots,$		$\dfrac{2}{3}$
2	$\dfrac{11}{8}$	$\dfrac{12}{11} = 1{,}0909\ldots$	$1{,}096413$	$0{,}8528$
3	$\dfrac{301}{240}$	$\dfrac{330}{301} = 1{,}096345$		$0{,}9273$

$^1)$ $O(x)$ kennzeichnet eine Funktion von x, für die $|O(x)| \leq M \cdot |x|$ mit einer von x unabhängigen Konstanten M ist.

n	$\mathfrak{G}_2 w_n$	$\Lambda^{(n)} = \dfrac{\mathfrak{G}_2 w_{n-1}}{\mathfrak{G}_2 w_n}$	$\tilde{\Lambda}^{(n)}$	$(\mathfrak{G}_2 w_n)^{-\frac{1}{n}}$
0	1			
1	$\dfrac{5}{6}$	$1{,}2$		$1{,}2$
2	$\dfrac{91}{120}$	$\approx 1{,}09890$	$1{,}09666$	$1{,}148$
3	$\dfrac{697}{7\cdot 9\cdot 16}$	$\approx 1{,}09670$		$1{,}131$

Wie man sieht, leisten die Wurzeln aus den Funktionalen weniger als die Verhältnisse. Die Verbesserungen nach der Formel (11) lohnen sich in jedem Falle.

Die rechte Ungleichung in (9) für $n = 1$ liefert $|\varkappa_1| \leq \mathrm{Max}\,(s + \mathrm{Min}\,(s, t))$ $= 2$, also $|\lambda_1| \geq 1/2$.

§ 15. Berechnung des 1. Eigenwertes beim Hermiteschen Kern.

Unter den Voraussetzungen des § 14, nämlich $|\lambda_1| < |\lambda_2|$, sei jetzt der Fall eines Hermiteschen Kerns näher betrachtet. Die Funktion $w_0(s)$ sei so gewählt, daß λ_1 an ihr beteiligt ist.

Man kann natürlich alle in § 14 erwähnten Verfahren auch in diesem speziellen Falle anwenden, aber *besondere Beachtung verdienen die Folgen* (§ 14, 3) mit $\mathfrak{G}\, u = (u, \bar{w}_0)$. Man findet dann in $\mathfrak{G}\, w_n = (w_n, \bar{w}_0)$ die bereits in (II, § 9, 11) eingeführten Konstanten a_n, die oft auch als Schwarzsche Konstanten bezeichnet werden (vgl. [15] und [66]). *Im Falle eines Hermiteschen Kerns darf $a_n = (w_{n-m}, \bar{w}_m)$ für $m \leq n$ geschrieben werden. Dieser Umstand ist wichtig für das numerische Rechnen.* Um nämlich die Konstanten a_{2n-1} und a_{2n} zu berechnen, ist es notwendig und hinreichend, das Iterationsverfahren bis zur Funktion w_n zu führen. Es ist dann $a_{2n-1} = (w_{n-1}, \bar{w}_n)$ und $a_{2n} = (w_n, \bar{w}_n)$. Zu dieser wichtigen Eigenschaft kommt die Bedeutung hinzu, die die Konstanten a_n in den *Einschließungssätzen* der §§ 9 und 10 besitzen. Es sei (vgl. II, § 10, 5)

$$\mu_n = \frac{a_{n-1}}{a_n} \quad \text{für } n = 1, 2, \ldots \tag{1}$$

gesetzt, um diese spezielle Folge von beliebigen Folgen zu unterscheiden. Daß sie gegen λ_1 konvergiert, ist klar. Man gelangt zu den μ_n auch, indem man $P = 0$ in (II, § 10, 7'') einträgt. Nach dem 5. Einschließungssatz enthält das Intervall $\langle 0, \mu_n \rangle$ mindestens einen Eigenwert, wenn n ungerade oder wenn $\mathfrak{K}$ definit ist. Daher konvergiert die Teilfolge $|\mu_{2n-1}|$ stets von oben her gegen $|\lambda_1|$. Ist $\mathfrak{K}$ *definit*, so gilt dies für die *ganze Folge* μ_n. Diese Aussagen lassen sich verschärfen. Wendet man die Schwarzsche Ungleichung auf das Integral für a_{2n-1} an, so findet man $a_{2n-1}^2 \leq a_{2n-2}\, a_{2n}$. Hieraus fließt das zuerst von R. Grammel [6] gefundene Ergebnis

$$|\mu_{2n-1}| \geq |\mu_{2n}|. \tag{2}$$

Im Falle eines definiten Operators liegt daher $|\mu_{2n}|$ höher an $|\lambda_1|$ als $|\mu_{2n-1}|$. Da man, wie schon oben erwähnt, für die Berechnung beider Zahlen das Iterationsverfahren bis zu w_n durchführen muß, so spart man Rechenarbeit, wenn man nur μ_{2n} ausrechnet. Im Falle eines definiten Operators läßt sich noch eine weitere Verschärfung der bisher genannten Aussagen machen. Es konvergiert nämlich die ganze Folge μ_n monoton gegen λ_1, und zwar $|\mu_n|$ monoton fallend gegen $|\lambda_1|$. Dieses Ergebnis wurde von Hohenemser ([34], S. 18) mit Hilfe von Reihenentwicklungen der Iterierten w_n nach den Eigenfunktionen von $\mathfrak{K}$ gefunden. Nach Collatz [15] ergibt sich die Monotonie ohne Schwierigkeit aus der Definitheit der quadratischen Form $(\alpha\, w_n + \beta\, w_{n+1},\, \alpha\, \overline{w_{n+1}} + \beta\, \overline{w_{n+2}})$ in α und β. Dies führt zu

$$a_{2n+1}\, a_{2n+3} \geq a_{2n+2}^2 \tag{3}$$

und daher zu

$$|\mu_{2n+2}| \geq |\mu_{2n+3}|. \tag{4}$$

Zusammen mit (2) ergibt dies die behauptete Monotonie.

Ersetzt man in den vorstehenden Darlegungen $\mathfrak{K}$ durch einen Potenzoperator $\mathfrak{K}^m$, so konvergiert die Folge

$$\frac{a_{km}}{a_{(k+1)m}} = \mu_{km+1}\,\mu_{km+2}\cdots\mu_{(k+1)m} \tag{5}$$

mit den nach wie vor auf w_0 und $\mathfrak{K}$ bezogenen Zahlen a_n gegen λ_1^m. Ist m gerade, so erfolgt die Konvergenz monoton, weil dann $\mathfrak{K}^m$ ein definiter Operator ist. Für $m = 2$ ist insbesondere

$$\mu_1\mu_2 \geq \mu_3\mu_4 \geq \cdots. \tag{6}$$

Auf diese monotone Folge weist Collatz [15] besonders hin. In jedem Falle, d.h. auch dann, wenn $\mathfrak{K}$ nicht definit ist, sind die Zahlen $\mu_{2n-1}\mu_{2n}$ obere Schranken von λ_1^2. Wegen $4\mu_{2n-1}\mu_{2n} \leq (\mu_{2n-1} + \mu_{2n})^2$ sind aber auch die arithmetischen Mittel $\frac{1}{2}(|\mu_{2n-1}| + |\mu_{2n}|)$ obere Schranken für $|\lambda_1|$. Die Folge (6) liefert die Quadrate der von Kellogg (vgl. § 14) betrachteten Folge.

Man kann speziell $w_0(s) = K(s, x)$ setzen. Dann findet man $a_n = a_n(x) = K^{(n+2)}(x, x)$. Die vorstehenden Ergebnisse (2) und (4) lassen sich aber auch auf die Folge

$$\tilde{\mu}_n = \frac{\tilde{a}_{n-1}}{\tilde{a}_n}, \quad \tilde{a}_n = \int\limits_0^1 a_n(x)\, dx = S_{n+2} \ (\text{Spur von } K^{(n+2)}) \tag{7}$$

übertragen, weil die Ungleichungen $a_{k+1}\,a_{k-1} \geq a_k^2$, die zwischen den a_n bestehen, auch für die Konstanten $\tilde{a}_n$ gelten. Insbesondere konvergiert die Folge (7) für einen positiv definiten Operator monoton fallend gegen λ_1.

Für das numerische Rechnen sind auch Folgen erwünscht, die $|\lambda_1|$ von unten her approximieren. Ist $\mathfrak{K}$ definit, etwa positiv definit, so lassen sich solche Folgen mit Hilfe des 5. Einschließungssatzes leicht konstruieren. Sei eine Folge reeller Zahlen P_n so definiert, daß

$$\mu_n < P_n < \lambda_2; \quad \frac{\mu_{n-1} - \mu_n}{P_n - \mu_n} \to 0 \quad \text{für} \quad n \to \infty \tag{8}$$

gilt. Dann konvergiert die Folge

$$Q_n = \mu_n \frac{\mu_{n-1} - P_n}{\mu_n - P_n} = \mu_n + \frac{\mu_{n-1} - \mu_n}{\mu_n - P_n} \mu_n \leq \mu_n \tag{9}$$

von unten her gegen λ_1, weil in $\langle P_n, Q_n \rangle$ mindestens ein Eigenwert liegen muß. Nach (**II**, § 10, 10′) bildet für $\mu_1 < \lambda_2$

$$P_n = \mu_n + (\mu_n \mu_{n-1} - \mu_n^2)^{\frac{1}{2}} \tag{10}$$

eine Folge, die den Bedingungen (8) genügt. Für $P_n \equiv \lambda_2$ hat Collatz [15] die Konvergenz der Q_n von unten her gegen λ_1 bewiesen. Dies ist der Fall stärkster Konvergenz. Kennt man eine möglichst große untere Schranke von λ_2, die zugleich eine obere Schranke für alle Zahlen μ_n ist, so empfiehlt es sich, alle P_n mit der Schranke zusammenfallen zu lassen. Eine untere Schranke von λ_2 ist die Zahl

$$\sigma = \left(S_2 - \frac{1}{\mu_{2n-1}\,\mu_{2n}} \right)^{-\frac{1}{2}}. \tag{11}$$

Das Vorstehende läßt zugleich die Stärke des benutzten Einschließungssatzes erkennen. Die bisher geführten Beweise für die Konvergenz der Q_n von unten her gegen λ_1 sind verhältnismäßig kompliziert.

Ebenfalls für einen positiv definiten Operator läßt sich aus den Spuren S_n der iterierten Kerne $K(s, t)$ eine monoton gegen den 1. Eigenwert wachsende Folge ableiten. Da die Folge (7) monoton fällt, so gilt $\lambda_1^n S_n \geq \lambda_1^{n+1} S_{n+1} \geq 1$. Mithin ist

$$\Lambda^{(n)} = (S_n)^{-\frac{1}{n}} \tag{12}$$

eine monoton gegen λ_1 wachsende Folge. Die vorstehenden Ergebnisse über die Folgen (7) und (12) rühren von E. Schmidt ([1], S. 1514) her.

9. Beispiel (vgl. [15], 10 A):

$K(s, t) = |s - t|$. Es existieren genau ein positiver Eigenwert $\lambda_1 \approx 2{,}8784$ und unendlich viele negative Eigenwerte, beginnend mit $\lambda_2 = \dfrac{-\pi^2}{2} \approx -4{,}9348$. Mit $w_0 \equiv 1$ findet man

$$2\,w_1 = 1 - 2\,s + 2\,s^2$$

$$6\,w_2 = 1 - 2\,s + 3\,s^2 - 2\,s^3 + s^4$$

$$360\,w_3 = 21 - 42\,s + 60\,s^2 - 40\,s^3 + 30\,s^4 - 12\,s^5 + 4\,s^6$$

$$2520\,w_4 = 51 - 102\,s + 147\,s^2 - 98\,s^3 + 70\,s^4 - 28\,s^5 + 14\,s^6 - 4\,s^7 + s^8$$

und die Tabelle

n	a_n	μ_n	$\sqrt{\mu_{n-1}\,\mu_n}$
0	1	—	—
1	$\dfrac{1}{3}$	3	
2	$\dfrac{7}{60}$	$\dfrac{20}{7} = 2{,}8571\ldots$	$2{,}9277\ldots$
3	$\dfrac{17}{420}$	$\dfrac{49}{17} = 2{,}882353\ldots$	
4	$\dfrac{1}{36}\cdot\dfrac{319}{630}$	$\dfrac{918}{319} = 2{,}8777\,429\ldots$	$2{,}880047\ldots$
5	$\dfrac{1219}{1080\cdot 231}$	$\dfrac{3509}{1219} = 2{,}8785\,890\ldots$	
6	$\dfrac{220217}{129\,600\cdot 1001}$	$\dfrac{633\,880}{220\,217} = 2{,}878\,433\,545\ldots$	$2{,}878\,511\,275$
8	$2{,}0487620\cdot 10^4$		$2{,}87845950$

Die Zahlen der letzten Spalte müssen monoton fallen. Die Folge der μ_n ist aber nicht monoton. Aus (11) für $n = 2$ mit $S_2 = \dfrac{1}{6}$ folgt $\lambda_2^2 \geq \sigma^2 = \dfrac{1323}{61} > \mu_3\,\mu_4 \geq \lambda_1^2$. Wendet man (9) auf $\mathfrak{K}^2$ mit $w_0 \equiv 1$ und $P_n = \sigma^2$ an, so findet man

$$\mu_{2n+1}\,\mu_{2n+2} \geq \lambda_1^2 \geq \frac{\mu_{2n-1}\,\mu_{2n} - \sigma^2}{\mu_{2n+1}\,\mu_{2n+2} - \sigma^2}\,\mu_{2n+1}\,\mu_{2n+2}$$

mit Bezug auf die zu $\mathfrak{K}$ gehörigen Zahlen μ_n.

$$\text{Für } n = 1 \text{ wird } 2{,}880 \geq |\lambda_1| \geq 2{,}850,$$

$$\text{für } n = 2 \text{ wird } 2{,}87851 \geq |\lambda_1| \geq 2{,}87756.$$

10. Beispiel:

$K(s, t) = \text{Min}(s, t)$. Der Kern ist positiv definit. Die ersten Glieder der Folgen (7) und (12) sind aus der folgenden Tabelle ersichtlich:

n	S_n	$\dfrac{S_{n-1}}{S_n}$	$S_n^{-\frac{1}{n}}$
1	$\dfrac{1}{2}$	—	2
2	$\dfrac{1}{6}$	3	2,4495
3	$\dfrac{1}{15}$	2,5	2,4662 ·
4	$\dfrac{17}{23^2 \cdot 5 \cdot 7}$	2,4706	2,46731

Es ist $\lambda_1 \approx 2{,}46740$.

Ein Teil dieser Tabelle wurde schon im 2. Beispiel gebracht.

§ 16. Die Berechnung der höheren Eigenwerte aus Iterationsfolgen, an deren Ausgangsfunktion λ_1 beteiligt ist.

Die in § 14 und 15 beschriebenen Verfahren zur Berechnung von λ_1 und der zugehörigen Eigenfunktion versagen im Falle $|\lambda_1| = |\lambda_2|$, vorausgesetzt, daß auch λ_2 an $w_0(s)$ beteiligt ist. Es fragt sich nunmehr, ob man nicht in jedem Falle aus der Iterationsfolge der $w_n(s)$ zugleich mit λ_1 auch λ_2 und überhaupt die *höheren Eigenwerte* berechnen kann. In der Tat sind Verfahren zur Berechnung der höheren Eigenwerte aus einer Iterationsfolge, an deren Ausgangsfunktion λ_1 beteiligt ist, bereits vorgeschlagen worden. Wir legen dem folgenden die Wielandtsche Formel in der speziellen Form (§ 11, 16)

$$w_n(s) = \sum_{\nu=1}^{\mu} \varkappa_\nu^n\, \eta_\nu(s) + \varkappa^n\, d_n(s); \quad |\varkappa| < |\varkappa_\mu|; \quad \mu \geq 2$$

zugrunde und nehmen an, daß alle darin vorkommenden Eigenfunktionen η_ν nicht identisch verschwinden. Setzt man nun nach Wielandt ([82], S. 126)

$$P(\varkappa) = \prod_{i=1}^{\mu} (\varkappa - \varkappa_i) = \sum_{j=0}^{\mu} \varkappa^j\, \alpha_j\,, \tag{1}$$

so folgt aus (§ 11, 16)

$$\lambda_\mu^n \sum_{\nu=0}^{\mu} \alpha_\nu\, w_{n+\nu} = O\left(\left(\frac{\varkappa}{\varkappa_\mu}\right)^n\right) \approx 0, \tag{2}$$

obwohl die einzelnen Glieder $w_{n+\nu}\, \lambda_\mu^n$ der linken Seite nicht gegen Null streben können.

Ist insbesondere $|\varkappa_1| = |\varkappa_2| = \cdots = |\varkappa_\mu|$, so werden die numerischen Rechnungen keine Proportionalität zwischen aufeinanderfolgenden Funktionen w_n, w_{n+1} erkennen lassen. Man wird dann Relationen von der Form

$$\sum_{\nu=0}^{\mu} \beta_\nu\, w_{n+\nu} \approx 0 \tag{3}$$

suchen, wobei man darauf zu achten hat, daß mindestens eine der Funktionen $\beta_\nu\, w_{n+\nu}$ eine Normierungsbedingung erfüllt, z. B. $\beta_\nu\, w_{n+\nu}(x) = 1$ für eine gegebene Abszisse x. Dann sind nicht alle Summanden in (3) klein gegen Eins. Die Koeffizienten β_ν sind dann proportional den α_ν, und man gewinnt so die Gleichung

$$\sum_{i=0}^{\mu} \beta_i\, \varkappa^i = 0, \tag{4}$$

um die Werte $\varkappa_1\, \varkappa_2, \ldots, \varkappa_\mu$ zu berechnen. Kennt man die Eigenwerte, so lassen sich die Eigenfunktionen aus μ Gleichungen

$$w_n = \sum_{\nu=1}^{\mu} \eta_\nu(s)\, \varkappa_\nu^n \tag{5}$$

berechnen. Die Bestimmung der Koeffizienten β_i in (4) kann, falls dies nicht zu zeitraubend ist, beispielsweise nach der Methode der kleinsten Fehlerquadrate erfolgen, worauf Wielandt hinweist. Man kann ferner μ lineare Funktionale $\mathfrak{G}_1, \mathfrak{G}_2, \ldots, \mathfrak{G}_\mu$ zu Hilfe nehmen, um unmittelbar die Gleichung (4) zu gewinnen. Es sei $\mathfrak{G}_i\, \eta_k = g_{ik}$ gesetzt und angenommen, daß die Determinante $\Delta = \|g_{ik}\| \neq 0$ ist. Ferner sollen die Funktionale $\mathfrak{G}_i$ beschränkt sein. Das bedeutet: Ist $|y(s)| \leq 1$, so soll $|\mathfrak{G}_i\, y| \leq C_i$ und die Schranke C_i unabhängig von y sein. Es sei nun (γ_{ik}) die zu (g_{ik}) inverse Matrix. Aus (§ 11, 16) und den soeben genannten Voraussetzungen folgt jetzt die Matrix-Relation

$$\lim_{n\to\infty} \begin{pmatrix} 1 & 0 & \ldots & 0 \\ 0 & \lambda_1^n & \ldots & 0 \\ \vdots & & & \\ 0 & & \ldots & \lambda_\mu^n \end{pmatrix} \begin{pmatrix} 1 & 0 & \ldots & 0 \\ 0 & \gamma_{11} & \ldots & \gamma_{1\mu} \\ \vdots & & & \\ 0 & \gamma_{\mu 1} & \ldots & \gamma_{\mu\mu} \end{pmatrix} \begin{pmatrix} 1 & x & \ldots & x^\mu \\ \mathfrak{G}_1\, w_n & \ldots & & \mathfrak{G}_1\, w_{n+\mu} \\ \vdots & & & \\ \mathfrak{G}_\mu\, w_n & \ldots & & \mathfrak{G}_\mu\, w_{n+\mu} \end{pmatrix}$$

$$= \begin{pmatrix} 1 & x & \ldots & x^\mu \\ 1 & \varkappa_1 & \ldots & \varkappa_1^\mu \\ \vdots & & & \\ 1 & \varkappa_\mu & \ldots & \varkappa_\mu^\mu \end{pmatrix}. \tag{6}$$

Demnach findet man in

$$\begin{vmatrix} 1 & x & \ldots & x^\mu \\ \mathfrak{G}_1\, w_n & \mathfrak{G}_1\, w_{n+1} & \cdots & \mathfrak{G}_1\, w_{n+\mu} \\ \vdots & & & \\ \mathfrak{G}_\mu\, w_n & & \cdots & \mathfrak{G}_\mu\, w_{n+\mu} \end{vmatrix} = 0 \tag{7}$$

eine Gleichung, um $\varkappa_1, \varkappa_2, \ldots, \varkappa_\mu$ zu berechnen. Ferner ergibt sich leicht die Grenzwertbeziehung ([82], S. 128)

$$\lim_{n \to \infty} Q_{\mu,n} = \lambda_1 \lambda_2 \ldots \lambda_\mu, \tag{8}$$

wenn

$$\delta_n^{(\mu)} = \begin{vmatrix} \mathfrak{G}_1 w_n \cdots \mathfrak{G}_1 w_{n+\mu-1} \\ \vdots \\ \mathfrak{G}_\mu w_n \cdots \mathfrak{G}_\mu w_{n+\mu-1} \end{vmatrix}, \qquad Q_{\mu,n} = \frac{\delta_n^{(\mu)}}{\delta_{n+1}^{(\mu)}}$$

gesetzt wird. Van den Dungen, [21], gelangt durch Betrachtung assoziierter Kerne (vgl. auch II, § 6) zu einem Spezialfall dieser Formel, nämlich $\mathfrak{G}_1 y = y(x)$, $\mathfrak{G}_2 y = \mathfrak{G}_1(\mathfrak{K} y)$, $\ldots$, $\mathfrak{G}_\mu y = \mathfrak{G}_1(\mathfrak{K}^{\mu-1} y)$. Falls $|\lambda_1| < |\lambda_2| < \cdots < |\lambda_\mu|$ ist, kann man die Relationen

$$\lim_{n \to \infty} Q_{k,n} = \lambda_1 \lambda_2 \ldots \lambda_k; \quad k \leq \mu \tag{9}$$

dazu benutzen, um nacheinander $\lambda_1, \lambda_2, \ldots, \lambda_\mu$ zu berechnen. Praktisch brauchbare Funktionale sind $\mathfrak{G}_i u = u(x_i)$, wobei die x_i vorgegebene Abszissen sind, und ferner $\mathfrak{G}_i u = (\mathfrak{K}^{i-1} u, \bar{w}_0)$. Die Erfahrungen mit den bisher aufgestellten numerischen Beispielen zeigen, daß die letzteren Funktionale zu besseren Näherungen führen. Dem steht allerdings etwas mehr Rechenarbeit gegenüber. Im Falle der Funktionale $\mathfrak{G}_i u = (\mathfrak{K}^{i-1} u, \bar{w}_0)$ nimmt (7) die Form

$$F(x) = \begin{vmatrix} 1 & x & x^\mu \\ a_n & a_{n+1} \cdots a_{n+\mu} \\ a_{n+1} & a_{n+2} \cdots a_{n+\mu+1} \\ \cdots \cdots \cdots \cdots \cdots \cdots \\ a_{n+\mu-1} & \cdots \cdots a_{n+2\mu-1} \end{vmatrix} = 0 \tag{10}$$

an. Wenn $|g_{ik}| \neq 0$ ist, so muß für hinreichend große n der Koeffizient von x^μ verschieden von Null sein. Das gleiche gilt für Zähler und Nenner des Ausdrucks, der unter dem lim-Zeichen in (8) steht. Sind $\varkappa_1, \varkappa_2, \ldots, \varkappa_\mu$ an w_0 beteiligt, so ist $\|g_{ik}\| \neq 0$.

Ist $\mathfrak{K}$ Hermitesch, so ist $x^n F(x) G(x)$ ein Einschließungspolynom (vgl. II, § 9), wenn $G(x) \not\equiv 0$ ein beliebiges Polynom mit reellen Koeffizienten und von nicht höherem Grade als $\mu - 1$ ist. Ist $n = 2k$ eine gerade Zahl, so führe man die Funktion $\xi = \mathfrak{K}^k w_0$ ein. Dann ist $F(x) G(x)$ ein Einschließungspolynom bezüglich ξ und somit ein starkes Einschließungspolynom. Nach dem 4. Einschließungssatz (II, § 9) trennen seine Nullstellen $\mu + 1$ reziproke Eigenwerte, wenn der Grad von ξ größer als μ ist. — Ist $n = 2k + 1$ eine ungerade Zahl, so ist $x F(x) G(x)$ ein Einschließungspolynom bezüglich der Funktion $\xi = \mathfrak{K}^k w_0$. Es läßt sich zeigen, daß für das Polynom $x F(x)$ der 4. Einschließungssatz mit einer gewissen Einschränkung gilt; $x\,F(x)$ besitzt lauter einfache und reelle Nullstellen; zwischen je zwei benachbarten Nullstellen liegt mindestens ein reziproker Eigenwert; auch liegt ein reziproker Eigenwert außerhalb des kleinsten Intervalls, das die Nullstellen einschließt. Der Beweis hierfür kann nach dem Beispiel der Ableitung des 4. Einschließungssatzes erbracht werden.

Ist $\Re$ definit, so sind alle Nullstellen von $F(x)$ eines Vorzeichens. — In jedem Falle gilt

$$|Q_{\mu,n}| \geq |\lambda_1 \lambda_2 \ldots \lambda_\mu|, \tag{11}$$

falls n gerade oder falls $\Re$ definit ist. Dies folgt aus den vorstehenden Einschließungsaussagen, weil es zu jeder Nullstelle von $F(x)$ einen reziproken Eigenwert von größerem absoluten Betrage gibt, ohne daß zwei Nullstellen auf den gleichen reziproken Eigenwert führen. Im Falle $\mu = 2$ ist

$$Q_{2,n} = \frac{\begin{vmatrix} a_n & a_{n+1} \\ a_{n+1} & a_{n+2} \end{vmatrix}}{\begin{vmatrix} a_{n+1} & a_{n+2} \\ a_{n+2} & a_{n+3} \end{vmatrix}} = \frac{\mu_{n+1} - \mu_{n+2}}{\mu_{n+2} - \mu_{n+3}} \mu_{n+2}\,\mu_{n+3}\,. \tag{12}$$

Wegen $\mu_n \underset{n \to \infty}{\to} \lambda_1$ gilt dann

$$\lim_{n \to \infty} \frac{Q_{2,n}}{\mu_{n+2}} = \lim_{n \to \infty} \frac{\mu_{n+1} - \mu_{n+2}}{\mu_{n+2} - \mu_{n+3}} \mu_{n+3} = \lambda_2\,. \tag{12'}$$

Für einen positiv definiten Hermiteschen Operator verallgemeinert L. Collatz [15] die in § 15 eingeführten Zahlen μ_n. Er definiert

$$\mu_n^{(m)} = \frac{\mu_n^{(m-1)} - \lambda_m}{\mu_{n+1}^{(m-1)} - \lambda_m} \mu_{n+1}^{(m-1)}; \quad \mu_n^{(0)} = \mu_n \tag{13}$$

$$\mu_n'^{(m)} = \frac{\mu_n^{(m)} - \lambda_{m+2}}{\mu_{n+1}^{(m)} - \lambda_{m+2}} \mu_{n+1}^{(m)}\,. \tag{14}$$

Gilt nun $|\lambda_1| < |\lambda_2| < \cdots$ und sind die Eigenwerte $\lambda_1, \ldots, \lambda_m$ an der Ausgangsfunktion w_0 beteiligt, so ist

$$\lim_{n \to \infty} \mu_n^{(m-1)} = \lambda_m\,. \tag{15}$$

Die Konvergenz der $\mu_n^{(m-1)}$ erfolgt *monoton*, und zwar im fallenden Sinne. Collatz beweist dies für $n \geq 3$. Iglisch [37] dehnt das Resultat auf alle n aus. Die Zahlen $\mu_n'^{(m)}$ bilden eine ebenfalls gegen λ_m konvergierende Folge, deren Glieder jedoch untere Schranken für λ_m bilden, wenn das entsprechende Glied $\mu_{n+1}^{(m-1)}$ die Ungleichung $\mu_{n+1}^{(m-1)} \leq \lambda_{m+1}$ erfüllt. Den Beweis für diese Tatsachen führt Collatz durch Reihenentwicklung der Iterierten nach den Eigenfunktionen des Kerns. Seine Ergebnisse modifizieren sich, wenn einige Eigenwerte an w_0 unbeteiligt sind. Es ist einfach, die Folge $\mu_n^{(m)}$ *in Schranken* einzuschließen, wenn Schranken für den Eigenwert λ_m bekannt sind. Ist z. B.

$$l_1 \leq \lambda_1 \leq L_1 \leq \mu_{n+1}^{(0)}, \tag{16}$$

so ergibt sich aus (13)

$$\frac{\mu_n^{(0)} - l_1}{\mu_{n+1}^{(0)} - l_1} \cdot \mu_{n+1}^{(0)} \leq \mu_n^{(1)} \leq \frac{\mu_n^{(0)} - L_1}{\mu_{n+1}^{(0)} - L_1} \mu_{n+1}^{(0)}. \tag{17}$$

Damit ist zugleich die praktische Anwendung der Formeln (13) und (14) nahegelegt. Man hat λ_m durch bekannte Näherungswerte zu ersetzen, deren Fehler kleiner als der von $\mu_{n+1}^{(m-1)}$[1)] ist.

Diese Ergebnisse von Collatz lassen sich ohne Schwierigkeit auf die einfache Folge $\mu_n^{(0)} = \mu_n$ und deren Eigenschaften zurückführen, wenn man sie für einen anderen Operator und eine andere Ausgangsfunktion konstruiert. Sei $\mathfrak{K} = \mathfrak{A} + \mathfrak{B}$ die Zerlegung (I, § 3, 7) mit Bezug auf λ_1. Weil $\lambda_1 < \lambda_2$ vorausgesetzt ist, so definiert die Reihe

$$1 - \mathfrak{L}(\lambda) = \sum_{\nu=0}^{\infty} \binom{\frac{1}{2}}{\nu} (-\lambda)^\nu \mathfrak{B}^\nu, \quad \mathfrak{B}^0 = 1, \tag{18}$$

deren Konvergenzradius mit dem der Neumannschen Reihe für $\mathfrak{B}$, nämlich λ_2, identisch ist, einen Hermiteschen Integraloperator $\mathfrak{L}(\lambda_1)$, für den $(1 - \mathfrak{L}(\lambda_1))^2 = 1 - \lambda_1 \mathfrak{B}$ ist. Es ist $\mathfrak{L}(\lambda_1)$ mit $\mathfrak{B}$ vertauschbar. Dies vorausgeschickt, führt die Transformation $v_0 = (1 - \lambda_1 \mathfrak{A} - \mathfrak{L}(\lambda_1)) w_0$ zur Identität

$$(\overline{v}_0, \mathfrak{B}^n v_0) = (\overline{w}_0, \mathfrak{B}^n (1 - \lambda_1 \mathfrak{K}) w_0) = (\overline{w}_0, \mathfrak{B}^n (1 - \lambda_1 \mathfrak{K}) w_0),$$

wegen der Orthogonalität von $\mathfrak{A}$ und $\mathfrak{L}$, wegen $\lambda_1 \mathfrak{A}^2 = \mathfrak{A}$ und weil

$$\mathfrak{K}^n (1 - \lambda_1 \mathfrak{K}) = (\mathfrak{A}^n + \mathfrak{B}^n) (1 - \lambda_1 \mathfrak{A} - \lambda_1 \mathfrak{B})$$

$$= \mathfrak{A}^n (1 - \lambda_1 \mathfrak{A}) + \mathfrak{B}^n (1 - \lambda_1 \mathfrak{K}) = \mathfrak{B}^n (1 - \lambda_1 \mathfrak{K}); \quad n \geq 1$$

geschrieben werden darf. Demnach lassen sich die Zahlen $(a_n - \lambda_1 a_{n+1})$ als neue Zahlen a_n' auffassen, die zu v_0 und $\mathfrak{B}$ gehören. Daher ist $\mu_n^{(1)} = \dfrac{a_{n-1}'}{a_n'}$ die gewöhnliche Folge (§ 15, 1) für $\mathfrak{B}$ und für v_0. Da λ_2 der kleinste Eigenwert von $\mathfrak{B}$ ist, so konvergiert sie gegen λ_2, und zwar monoton fallend; denn $\mathfrak{B}$ ist positiv definit. Die Folge $\mu_n'^{(1)}$ ist nichts weiter als eine zu $\mu_n^{(1)}$ gehörige Folge (§ 15, 9); sie konvergiert monoton steigend gegen λ_2. Dieses monotone Verhalten bleibt bestehen, wenn man λ_3 durch eine untere Schranke ersetzt, die gleichwohl oberhalb der Zahlen $\mu_n^{(1)}$ liegt. Die gleiche Schlußweise läßt sich nun mit Bezug auf $\mathfrak{B}$ wiederholen. Sie führt zu den Verallgemeinerungen $\mu_n^{(m)}$ und $\mu_n'^{(m)}$ und deren von Collatz zuerst bewiesenen Eigenschaften.

In einem Bericht, den v. Mises und Pollaczek-Geiringer über Iterationsverfahren gegeben haben ([46], S. 157 . . .), werden auch Verfahren besprochen, um höhere Eigenwerte symmetrischer Matrizen zu berechnen. Die Verfasser empfehlen, die höheren Eigenwerte aus mehreren Iterationsfolgen zu berechnen. Man kann ihren Vorschlag ohne weiteres auf Integralgleichungen übertragen. Soll etwa der zweite Eigenwert λ_2 unter der Voraussetzung $|\lambda_1| < |\lambda_2|$ berechnet werden, so hat man aus zwei verschiedenen Ausgangsfunktionen $w_0(s)$ und $w_0'(s)$ die Iterationsfolgen w_n und w_n' zu bilden. Die geeignet zu normierende Differenz

$$u_n = \begin{vmatrix} w_n & (w_n, \overline{w}_n)^{\frac{1}{2}} \\ w_n' & (w_n', \overline{w}_n')^{\frac{1}{2}} \end{vmatrix}$$

wird im allgemeinen gegen eine zu λ_2 gehörige Eigenfunktion konvergieren, falls λ_2 an den Ausgangsfunktionen überhaupt beteiligt ist. Es ist klar, wie man vorzugehen hat, wenn es sich um den dritten oder einen höheren Eigenwert handelt. Man wird aber die einzelnen Zwischenrechnungen mit wesentlich mehr Stellen durchführen müssen als für die Bestimmung eines höheren Eigenwertes oder einer höheren Eigenfunktion verlangt werden, und diese Regel gilt für alle praktischen Verfahren dieses Paragraphen, weil Differenzen aus annähernd gleich großen Zahlen in das Endresultat eingehen.

11. Beispiel:

λ_2 zu berechnen für $K(s, t) = |s - t|$; $w_0(s) \equiv s$.
Man findet

$$6 w_1 = 2 - 3 s + 2 s^3$$

$$30 w_2 = 2 - 5 s + 10 s^2 - 5 s^3 + s^5$$

$$2520 w_3 = 82 - 147 s + 168 s^2 - 140 s^3 + 140 s^4 - 42 s^5 + 4 s^7$$

$$22680 w_4 = 214 - 459 s + 738 s^2 - 441 s^3 + 252 s^4 - 126 s^5 + 84 s^6 - 18 s^7 + s^9$$

Der Kern ist nicht definit. Daher soll der gewiß positiv definite iterierte Kern mitbehandelt werden. Alle Größen, die sich auf ihn beziehen, werden durch einen Stern gekennzeichnet. Allen weiteren Rechnungen seien die Ungleichungen

$$l = 8{,}285\,345 \leq \lambda_1^2 \leq 8{,}285\,529 = L$$

zugrunde gelegt. Zu beachten ist noch $\mu_n^{*(0)} = \mu_{2n-1}^{(0)} \mu_{2n}^{(0)}$. Man findet

n	a_n	μ_n	$\mu_{n-1}\mu_n$
0	$\dfrac{1}{3}$		
1	$\dfrac{1}{15}$	5	
2	$\dfrac{41}{1260}$	2,048780	10,24390...
3	$\dfrac{214}{9 \cdot 2520}$	3,448598	7,065419...
4	$\dfrac{4559}{900 \cdot 1386}$	2,581706	8,903268...
6	$4{,}0063787 \cdot 10^{-4}$		8,49827884...

Es ist nach (17)

$$\frac{\mu_1^{*(0)} - l}{\mu_2^{*(0)} - l}\,\mu_2^{*(0)} = 24{,}6615 \leq \mu_1^{*(1)} \leq 24{,}6755 = \frac{\mu_1^{*(0)} - L}{\mu_2^{*(0)} - L}\,\mu_2^{*(0)}$$

$$\frac{\mu_2^{*(0)} - l}{\mu_3^{*(0)} - l}\,\mu_3^{*(0)} = 24{,}3457 \leq \mu_2^{*(1)} \leq 24{,}3861 = \frac{\mu_2^{*(0)} - L}{\mu_3^{*(0)} - L}\,\mu_3^{*(0)}.$$

Hier stehen rechts obere Schranken von λ_2^2.

Aus der Spur S_2 von $\mathfrak{K}^2$, d. h. der Summe $\sum \varkappa_i^2$, aus L und der besten oberen Schranke von λ_2^2 gewinnt man nach dem Beispiel von (§ 15, 11) eine untere Schranke σ für λ_3^2. Nach (14) ist dann

$$\lambda_2^2 \geq \mu_2^{*(1)}\,\frac{\sigma - \mu_1^{*(1)}}{\sigma - \mu_2^{*(1)}}\,.$$

Die Ausführung der Rechnung liefert zusammen mit den obigen Ungleichungen

$$4{,}9294 \leq |\lambda_2| \leq 4{,}9382.$$

Der Mittelwert 4,9338 hat einen Fehler von höchstens 1%.

Die Anwendung der Formel (12) auf $\mathfrak{K}$ liefert $Q_{2,0} = 14{,}89595$, $Q_{2,1} = -14{,}37655$. Division durch $\sqrt{l}$ liefert die Näherungswerte $\varLambda_2^{(1)} = -5{,}176$, $\varLambda_2^{(2)} = -4{,}991$. Es muß wegen (11) $|\lambda_2| \leq |\varLambda_2^{(1)}|$ sein. Da die Rechenarbeit nicht groß ist, lohnt sich die Anwendung auch der Formeln (12) und (12'), zumal sie das Vorzeichen von λ_2 bestimmen. Bis auf die Rechnung nach (12) sind alle Zahlen einem Beispiel in [15], S. 705 entnommen.

§ 17. Die Abspaltung von Eigenwerten.

Die Berechnung höherer Eigenwerte und Eigenfunktionen kann ohne weiteres nach den Methoden der §§ 14 und 15 erfolgen, wenn man von geeignet gewählten Funktionen w_0 ausgeht oder wenn man den Kern $K(s, t)$ so abändert, daß er den ersten und andere Eigenwerte verliert. Soll beispielsweise der Eigenwert λ_v berechnet werden, so kann man entweder w_0 so wählen, daß die Eigenwerte $\lambda_1, \lambda_2, \ldots, \lambda_{v-1}$ daran nicht beteiligt sind, oder aber den Kern so abändern, daß er die Eigenwerte $\lambda_1, \ldots, \lambda_{v-1}$ verliert, dagegen alle anderen behält. Die Nützlichkeit dieses Vorgehens erwies sich bereits in § 16 bei der Untersuchung der Zahlen $\mu_n^{(m)}$. Es soll nunmehr über Ergebnisse von H. Wielandt [82] berichtet werden, die sich auf die Abänderung linearer Operatoren schlechthin beziehen.

Es sei Y eine lineare Mannigfaltigkeit von Elementen y und $\mathfrak{K}$ eine Abbildung von Y auf einen Teil dieser Menge derart, daß zu irgendzwei Elementen y_1 und y_2 sowie zwei beliebigen komplexen Zahlen c_1 und c_2 die Summe

$$y_3 = c_1 y_1 + c_2 y_2 \text{ mit } y_3 \subset Y \text{ erklärt und } \mathfrak{K}\,y_3 = c_1\,\mathfrak{K}\,y_1 + c_2\,\mathfrak{K}\,y_2$$

ist. Summe und Produkt zweier Abbildungen $\mathfrak{A}$ und $\mathfrak{B}$ seien durch

$$(\mathfrak{A} + \mathfrak{B})\,y = \mathfrak{A}\,y + \mathfrak{B}\,y; \quad \mathfrak{A}\,\mathfrak{B}\,y = \mathfrak{A}(\mathfrak{B}\,y)$$

erklärt. Potenzen erklären sich durch wiederholte Produktbildung. Beispiel: Y sei die Menge aller zulässigen Funktionen eines festen Intervalls, $\Re$ sei ein Integraloperator. Dem Eigenwertproblem einer Integralgleichung entspricht allgemein die Eigenwertaufgabe

$$\varkappa\, y = \Re\, y. \tag{1}$$

Existiert eine nichttriviale Lösung y der Gleichung (1) für eine Zahl $\varkappa$, so werde $\varkappa$ ein charakteristischer Wert genannt. Als Hauptlösung von $\Re$ zu $\varkappa$ bezeichnet Wielandt jede Lösung der Gleichung

$$(\Re - \varkappa)^r\, y = 0. \tag{2}$$

Die kleinste Zahl r, die zu einer gegebenen Hauptlösung möglich ist, wird die Stufe der Hauptlösung genannt. Alle Hauptlösungen bilden eine lineare Mannigfaltigkeit. Die maximale Anzahl linear unabhängiger Hauptlösungen wird als die Ordnung von $\varkappa$ bezeichnet. Von großer Wichtigkeit ist der bereits in § 12 für Integraloperatoren erläuterte Begriff der Beteiligung. Die komplexe Zahl $\varkappa$ heißt hinsichtlich $\Re$ am Element $y \subset Y$ unbeteiligt, wenn jede Gleichung $(\Re - \varkappa)^r\, z = y$ mindestens eine Lösung besitzt. Andernfalls heißt $\varkappa$ an y beteiligt. Beispiel: Bei Integraloperatoren ist $\varkappa$ an allen zulässigen Funktionen unbeteiligt, wenn $\varkappa\, (\neq 0)$ kein Eigenwert ist. Besäße nämlich $(\Re - \varkappa)^r\, z = y$ keine Lösung, so existierte eine nichttriviale Lösung z der Gleichung $(\Re - \varkappa)^r\, z = 0$. Es darf hierbei angenommen werden, daß die Zahl r durch keine kleinere ersetzt werden kann, ohne daß die Gleichung falsch wird. Alsdann wäre $(\Re - \varkappa)^{r-1}\, z$ eine Eigenfunktion zu $\varkappa$ und daher $\varkappa$ ein Eigenwert entgegen der Voraussetzung. Ein Kriterium dafür, daß ein Eigenwert an einem Element y unbeteiligt ist, wurde für Integraloperatoren in § 12 beschrieben. Die Ordnung eines Eigenwertes fällt ferner mit seiner Ordnung als Nullstelle der Fredholmschen Determinante zusammen. Im Falle $\varkappa = 0$ kann die Ordnung unendlich groß werden, wie man sich am Beispiel $K(s, t) \equiv 1$ klarmachen kann. Alle zu $y \equiv 1$ orthogonalen Lösungen sind Hauptlösungen zu $\varkappa = 0$.

Mit Bezug auf die abstrakte Menge Y sei $\mathfrak{G}$ ein lineares Funktional, d. h. $\mathfrak{G}$ ordnet jedem Element eine komplexe Zahl $\mathfrak{G}\, y$ nach dem linearen Gesetz

$$\mathfrak{G}\, (c_1\, y_1 + c_2\, y_2) = c_1\, \mathfrak{G}\, y_1 + c_2\, \mathfrak{G}\, y_2$$

zu. Ist z. B. Y die Menge aller zulässigen Funktionen des Intervalls $\langle 0, 1 \rangle$ so kann man mit Hilfe einer daraus entnommenen Funktion $f(s)$ ein Funktional $\mathfrak{G}$ durch

$$\mathfrak{G}\, y = (y, f) \tag{3}$$

definieren. Es sei nun

$$\Re\, e_1 = \varkappa_1\, e_1; \quad \varkappa_1 \neq 0$$

für ein von Null verschiedenes Element $e_1 \subset Y$. Es sei $\mathfrak{G}\, e_1 = 1$ angenommen und der Operator O durch

$$O\, y = y - (\mathfrak{G}\, y)\, e_1 = (1 - e_1\, \mathfrak{G})\, y \tag{4}$$

definiert. Es ist stets $\mathfrak{G}\, O\, y = 0$. Im Falle von (3) bedeutet dies

$$(f, O\, y) = 0. \tag{3'}$$

Der Operator O wird als Orthogonalisierungsprozeß bezeichnet. Mit Hilfe von O wird nun der Operator $\mathfrak{K}$ abgeändert in

$$\mathfrak{K}^* \, y \,= \, \mathfrak{K}\,O\,y \,= \, \mathfrak{K}\,(1 - e_1\,\mathfrak{G})\,y\,.$$

Dann gilt der folgende

Abspaltungssatz:

Es ist, wenn $\hat{\varkappa}\,(\mathfrak{K})$ die Ordnung von $\varkappa$ hinsichtlich $\mathfrak{K}$ bezeichnet,

$$\hat{\varkappa}\,(\mathfrak{K}^*) \,= \, \hat{\varkappa}\,(\mathfrak{K}) \,+\, \operatorname{sgn}\,\big|\varkappa - \varkappa_1\big| \,-\, \operatorname{sgn}\,\big|\varkappa\big|\,.$$

Alle Hauptlösungen h^* zu $\varkappa$ und $\mathfrak{K}^*$ und alle Hauptlösungen h zu $\varkappa$ und $\mathfrak{K}$ lassen sich durch die Formeln

$$h^* \,= \, \begin{cases} \mathfrak{K}^* \, h & \textit{für } \varkappa \,\neq\, 0 \\[4pt] h \,+\, c\,e_1 & \textit{für } \varkappa \,=\, 0 \textit{ mit beliebigem } c \end{cases}$$

$$h \,= \, \begin{cases} (\mathfrak{K} - \varkappa_1)\,h^* & \textit{für } \varkappa \,\neq\, \varkappa_1 \\[4pt] h^* \,+\, c\,e_1 & \textit{für } \varkappa \,=\, \varkappa_1 \ (c \textit{ beliebig}) \end{cases}$$

aufeinander beziehen, und zwar eindeutig für $\varkappa\,(\varkappa - \varkappa_1) \,\neq\, 0$. In diesem Falle ist $\varkappa$ an einem Element $y \subset Y$ sowohl für $\mathfrak{K}$ als auch für $\mathfrak{K}^*$ zugleich beteiligt oder unbeteiligt.

Der abgeänderte Operator $\mathfrak{K}^*$ hat eine um 1 höhere Ordnung für $\varkappa = 0$ und eine um 1 niedrigere Ordnung für $\varkappa = \varkappa_1$, so daß man auch sagen kann, daß durch den Übergang zu $\mathfrak{K}^*$ ein charakteristischer Wert $\varkappa_1$ nach Null geworfen wird, falls man jeden solchen Wert so oft zählt als seine Ordnung angibt. Der Abspaltungssatz gilt wörtlich auch für den Operator $\mathfrak{K}^* = O\,\mathfrak{K}$. Desgleichen kann $\mathfrak{K}^*$ durch $\mathfrak{K}^* = O_2\,\mathfrak{K}\,O_1$ ersetzt werden, wobei O_1 und O_2 zwei Orthogonalisierungen bedeuten, die sich auf die gleiche Eigenlösung e_1 beziehen.

Die Bedeutung des Abspaltungssatzes liegt hinsichtlich der Integraloperatoren darin, daß die Ordnung der Nullstelle, die die Fredholmsche Determinante an der Stelle $\lambda = 1/\varkappa_1$ besitzt, verringert wird. Eine einfache Nullstelle wird beseitigt. Wesentlich ist dabei, daß man trotz der Abänderung die Hauptlösungen von $\mathfrak{K}$ wegen ihrer einfachen Beziehung zu denen von $\mathfrak{K}^*$ nicht aus dem Auge verliert, die übrigens für $\mathfrak{K}^* = O\,\mathfrak{K}$ eine besonders einfache Form annimmt. Es ist $h^* = O\,h$ für $\varkappa \neq 0$. Der Beweis des Abänderungssatzes möge bei Wielandt nachgelesen werden. Für Integraloperatoren und für Funktionale der Form (3) läßt er sich direkt verhältnismäßig einfach demonstrieren.

Wir schreiben $\mathfrak{K} = \mathfrak{K}_0$, $e_1 = \eta_1$, $\mathfrak{G} = \mathfrak{G}_1$ und

$$\mathfrak{K}_\nu \,= \, \mathfrak{K}_{\nu-1}\,(1 - \eta_\nu\,\mathfrak{G}_\nu) \quad \text{für } \nu = 1,\,2,\,\dots \tag{5}$$

Dabei bedeute η_ν eine Eigenlösung von $\mathfrak{K}_{\nu-1}$ und $\mathfrak{G}_\nu$ ein lineares Funktional, für das $\mathfrak{G}_\nu\,(\eta_\nu) = 1$ ist. Dann ist durch (5) eine Folge von schrittweise abgeänderten Operatoren definiert, von denen $\mathfrak{K}_\nu$ aus $\mathfrak{K}_{\nu-1}$ und einem vorgeschalteten Orthogonalisierungsprozeß zusammengesetzt ist.

Sind $\varkappa_1, \varkappa_2, \dots, \varkappa_m$ von Null verschiedene charakteristische Zahlen 1. Ordnung von $\mathfrak{K}$, so kann man die η_ν so bestimmen, daß $\mathfrak{K}_{\nu-1}\,\eta_\nu = \varkappa_\nu\,\eta_\nu$ wird. Der Operator $\mathfrak{K}_m$ besitzt dann die charakteristischen Zahlen $\varkappa_1, \dots, \varkappa_m$ nicht mehr, sondern nur noch den Rest der charakteristischen Zahlen von $\mathfrak{K}_0$.

Zwischen der Eigenlösung η_m von $\mathfrak{K}_{m-1}$ und der zu $\varkappa_m$ gehörigen Eigenlösung e_m von $\mathfrak{K}_0$ besteht — da $\varkappa_1, \dots, \varkappa_m$ von 1. Ordnung sind — der einfache Zusammenhang

$$e_m = \left(1 + \frac{\varkappa_1}{\varkappa_m - \varkappa_1}\, \eta_1\, \mathfrak{G}_1\right) \cdots \left(1 + \frac{\varkappa_{m-1}}{\varkappa_m - \varkappa_{m-1}}\, \eta_{m-1}\, \mathfrak{G}_{m-1}\right) \eta_m. \tag{6}$$

Man kann mit einem einzigen Funktional $\mathfrak{G} = \mathfrak{G}_1 = \mathfrak{G}_2 = \cdots = \mathfrak{G}_m$ auskommen, wenn nur $\mathfrak{G}$ so beschaffen ist, daß $\mathfrak{G}\, e_k \neq 0$ für $k = 1, 2, \ldots, m$ ist. Die Bedingungen $\mathfrak{G}\eta_k = 1$ lassen sich durch passende Normierung der η_k erfüllen. Die Formel (6) geht dann in die einfacher gebaute

$$\text{const. } e_m = \frac{\varkappa_1}{\varkappa_m}\, \eta_1 + \sum_{\nu=2}^{m} \eta_\nu\, \frac{\varkappa_\nu}{\varkappa_m} \prod_{k=1}^{\nu-1} \left(1 - \frac{\varkappa_k}{\varkappa_m}\right) \tag{7}$$

über, und der Zusammenhang zwischen $\mathfrak{K}_m$ und $\mathfrak{K}$ ist durch

$$\mathfrak{K}_m = \mathfrak{K}\,(1 - \eta_m\, \mathfrak{G}) \tag{8}$$

bestimmt. Hinsichtlich der Beweise sei wieder auf die Arbeit [82] verwiesen.

§ 18. Beispiele zum Abspaltungssatz für Integraloperatoren.

Es seien hier einige von Wielandt beschriebenen Abänderungen für Integraloperatoren $\mathfrak{K}$ aufgeführt. Es ist vorausgesetzt, daß alle Eigenwerte $\lambda_1, \lambda_2, \ldots$ einfache Nullstellen der Fredholmschen Determinante sind. Die zugehörigen Eigenfunktionen sind bis auf einen konstanten Faktor bestimmt. Sie seien mit $y_1(s), y_2(s), \ldots$ bezeichnet. Es sei $\langle y_i, \overline{y}_i \rangle = 1$.

1. Es sei mit Bezug auf die zu y_1 konjugiert komplexe Funktion $\overline{y}_1$ das Funktional

$$\mathfrak{G}\, y = (y, \overline{y}_1)$$

erklärt. Es ist dann $\mathfrak{G}\, y_1 = 1$ und

$$O_1\, y = y - y_1\,(y, \overline{y}_1) \tag{1}$$

ein Orthogonalisierungsprozeß. Für den abgeänderten Operator $\mathfrak{K} = \mathfrak{K} O_1$ ergibt sich der Kern

$$K^*(s, t) = K(s, t) - \frac{y_1(s)\, \overline{y}_1(t)}{\lambda_1}. \tag{2}$$

Alle Eigenwerte von K^* entstehen aus denen von $K(s, t)$ durch Streichen von λ_1. Die zu $\lambda_2, \lambda_3, \ldots$ gehörigen Eigenfunktionen von $K^*(s, t)$ ergeben sich nach den Formeln

$$y_\nu^*(s) = y_\nu(s) - \frac{\lambda_\nu}{\lambda_1}\,(y_\nu, \overline{y}_1)\, y_1(s). \tag{3}$$

Ist K ein *Hermitescher Kern*, so entspricht (2) der Zerlegung (I, § 3, 7) mit $K^* = B$.

2. Durch Vertauschen von $\mathfrak{K}$ und O_1 entsteht der Operator $\mathfrak{K}_1 = O_1 \mathfrak{K}$. Zu $\mathfrak{K}_1$ gehört der Kern

$$K_1(s, t) = K(s, t) - y_1(s) \cdot \int_0^1 K(x, t)\, \overline{y}_1(x)\, dx \qquad (4)$$

mit den einfachen Eigenwerten $\lambda_2, \lambda_3, \ldots$. Zwischen den Eigenfunktionen $z_k^{(1)}(s)$, die zu λ_k und K_1 gehören, und den Funktionen y_k besteht der Zusammenhang

$$z_k^{(1)} = y_k - y_1(\overline{y}_1, y_k). \qquad (5)$$

Aus (5) folgt

$$(z_k^{(1)}, \overline{y}_1) = 0 \quad \text{für } k = 2, 3, \ldots. \qquad (6)$$

Die Eigenfunktionen $z_k^{(1)}$ sind also zu $y_1(s)$ orthogonal im Sinne (6). Nun kann man $z_2^{(1)}(s)$ auf

$$(z_2^{(1)}, \overline{z}_2^{(1)}) = 1$$

normieren, einen Prozeß

$$O_2\, y = y - z_2^{(1)}(y, \overline{z}_2^{(1)})$$

definieren und $\mathfrak{K}_1$ in $\mathfrak{K}_2 = O_2 O_1 \mathfrak{K}$ mit dem Kern

$$K_2(s, t) = K(s, t) - y_1(s) \cdot \int_0^1 K(x, t)\, y_1(x)\, dx \\ - z_2^{(1)}(s) \cdot \int_0^1 K(x, t)\, z_2^{(1)}(x)\, dx \qquad (7)$$

abändern. Dann besitzt $\mathfrak{K}_2$ genau die Eigenwerte $\lambda_3, \lambda_4, \ldots$ mit irgendwelchen Eigenfunktionen $z_3^{(2)}, z_4^{(2)}, \ldots$, die im Sinne (6) orthogonal zu y_1 und $z_2^{(1)}$ sind. Indem man so fortfährt, gelangt man zur schrittweisen Ausmerzung der Eigenwerte und zu einem System $y_1, z_2^{(1)}, z_3^{(2)}, \ldots$ von Eigenfunktionen, die paarweise orthogonal zueinander und zugleich Linearkombinationen der $y_1, y_2, \ldots$ sind. Der Aufbau des Systems $y_1, z_2^{(1)}, z_3^{(2)}, \ldots$ entspricht genau dem wohlbekannten Schmidtschen Orthogonalisierungsverfahren für die Funktionen $y_1, y_2, \ldots$. Im Falle eines *Hermiteschen Kerns* führt das Abänderungsverfahren nach m Schritten zur bekannten Aufspaltung

$$K(s, t) = \sum_{k=1}^{m} \frac{y_k(s)\, \overline{y}_k(t)}{\lambda_k} + K_m(s, t),$$

wobei zu K_m die Eigenwerte $\lambda_{m+1}, \lambda_{m+2}, \ldots$ gehören. Hierbei ist $z_2^{(1)} = y_2$, $z_3^{(2)} = y_3, \ldots$.

3. Man kann ein Funktional

$$\mathfrak{G}\, y = (g, y)$$

so bestimmen, daß der Operator $\mathfrak{K}^* = \mathfrak{K} O$ mit $O = (1 - y_1 \mathfrak{G})\, y$ zur

Zerlegung (I, § 3, 7)

$$\mathfrak{K} = \mathfrak{A} + \mathfrak{B}; \quad \mathfrak{B} = \mathfrak{K}^*$$

führt. In diesem Falle besitzen $\mathfrak{K}^*$ und $\mathfrak{K}$ die gleichen Hauptfunktionen zu den gleichen Eigenwerten. Die Funktion $g(z)$ muß eine Hauptfunktion zu λ_1 und $\mathfrak{K}'$ sein, für die $\mathfrak{G}\, y_1 = 1$ ausfällt.

4. Man kann auch eine Funktion $g(s)$ so bestimmen, daß

$$(g, y_k) = 1 \quad \text{für } k = 1, 2, \ldots, m$$

wird. Wir setzen dann $\mathfrak{G}\, y = (g, y)$. Ändert man $\mathfrak{K}$ nach (§ 17, 5) schrittweise ab, so ist $\mathfrak{K}_m$ ein Integraloperator

(§ 17, 8) $$\mathfrak{K}_m = \mathfrak{K}\,(1 - \eta_m\, \mathfrak{G})$$

mit dem Kern

$$K_m(s, t) = K(s, t) - g(t)\, h(s), \quad h = \mathfrak{K}\, \eta_m, \tag{8}$$

wobei η_m eine Eigenfunktion von K_{m-1} ist. Der Kern K_m weist die Eigenwerte $\lambda_1, \lambda_2, \ldots, \lambda_m$ nicht mehr auf. Seine einzigen Eigenwerte sind $\lambda_{m+1}, \lambda_{m+2}, \ldots$. Es ist bemerkenswert, daß man die Eigenwerte $\lambda_1, \ldots, \lambda_m$ nur durch Abziehen eines einzigen Produktes $g(t)\, h(s)$ von K beseitigen kann. Z. B. sei $K(s, t)$ Hermitesch. Man setze

$$K_2(s, t) = K(s, t) + \frac{\varkappa_1^2\, y_1(s) - \varkappa_2^2\, y_2(s)}{\varkappa_2 - \varkappa_1} \left(\bar{y}_1(t) + \bar{y}_2(t) \right).$$

Der Kern $K_2(s, t)$ hat nicht mehr die Eigenwerte λ_1 und λ_2.

5. Man setze $\mathfrak{G}\, u = u(x)/y_1(x)$ (x eine vorgegebene Abszisse). Wünscht man die Ausmerzung von λ_1, so wähle man

$$\mathfrak{K}^*\, u = \mathfrak{K}\, u - \varkappa_1\, y_1\, \mathfrak{G}\, u; \quad \varkappa_1 = \frac{1}{\lambda_1}\,.$$

Der Operator $\mathfrak{K}^*$ verhält sich wie ein Integraloperator, wie aus der Zurückführung der gemischten Gleichung (I, § 1, 4) auf eine reine Fredholmsche Integralgleichung hervorgeht. Die Ergebnisse über die Iteration von Integraloperatoren wenden sich daher auch auf ihn an.

Man könnte meinen, daß das Iterieren mit Hilfe etwa des abgeänderten Operators $\mathfrak{K}^* = \mathfrak{K}\, O$ mehr numerische Arbeit verursache als etwa eine einmalige passende Abänderung von w_0, um die Beteiligung unerwünschter Eigenwerte auszumerzen. Es ist aber zu bedenken, daß eine einmalige Abänderung von w_0 keineswegs immer den gewünschten Effekt hat. Durch Rechenfehler können die Iterierten w_n zur Beteiligung unerwünschter Eigenwerte führen. Dagegen sorgen die Orthogonalisierungsprozesse O dafür, daß der Einfluß der unerwünschten Eigenwerte nach jedem Iterationsschritt immer wieder unterdrückt wird. Die Anwendung des abgeänderten Operators entspricht also auch den numerischen Forderungen.

Es erhebt sich die Frage, für welche Abänderung man sich vor der Berechnung höherer Eigenwerte entscheiden soll. Wielandt stellt in diesem Zusammenhang die folgenden Forderungen auf:

a) Der Arbeitsaufwand der Orthogonalisierung soll nicht groß sein.

b) Die Eigenlösungen des abgeänderten Operators $\mathfrak{K}^*$ sollen möglichst linear unabhängig sein.

c) Der abgeänderte Operator soll ein Integraloperator mit möglichst kleinem Kern sein, damit bei der Iteration keine Differenzen großer Zahlen auftreten.

d) Die erste Eigenlösung des abgeänderten Operators soll von der schon bestimmten ersten Eigenlösung y_1 des ursprünglichen möglichst unabhängig sein, damit diejenige Linearverbindung von beiden, welche die zweite Eigenlösung des ursprünglichen Operators bildet, nicht zu ungenau ausfällt.

Die Forderung a) läßt sich mit Hilfe eines Funktionals $\mathfrak{G} \, y = y(x_0)$ erfüllen. Die Forderung b) ist kaum allgemein lösbar. Die Forderungen c) und d) lassen bei abgeänderten Kernen der Gestalt

$$K^*(s,\, t) = K(s,\, t) - y_1(s)\, g(t); \quad (g,\, y_1) = \varkappa_1$$

eine optimale Lösung zu. Setzt man

$$g_0(t) = \int\limits_0^1 K(s,\, t)\, \overline{y}_1(s)\, ds,$$

so besitzt der entsprechende Kern $K_1(s,\, t)$ die optimalen Eigenschaften. Es ist nämlich im Hinblick auf c)

$$\int\limits_0^1 \int\limits_0^1 K^*(s,\, t)^2\, ds\, dt = \int\limits_0^1 \int\limits_0^1 |K_1(s,\, t)|^2 \cdot ds\, dt + \int\limits_0^1 |g(s) - g_0(s)|^2 \cdot ds.$$

Wegen der Orthogonalität (6) ist zugleich d) optimal erfüllt. Die praktischen Anwendungen haben noch zu keiner Bevorzugung der einen oder anderen Abänderung geführt.

Bei der praktischen Anwendung wird man die Eigenfunktion des auszumerzenden Eigenwertes durch eine Näherung ersetzen müssen. Der abgeänderte Operator $\mathfrak{K}^*$ läßt dann in Strenge die Anwendung des Abspaltungssatzes nicht mehr zu, aber es kann erwartet werden, daß die Iteration mit dem abgeänderten Operator dennoch zu brauchbaren Resultaten führt. Die hiermit zusammenhängenden Fragen greifen bereits in den nächsten Abschnitt über, wo der Ersatz eines Kerns durch einen anderen Kern Hauptgegenstand der Betrachtung sein wird.

12. (Numerisches) Beispiel:

Sei $K(s,\, t) = |s - t|$. Für $w_0 = 1$ ist $2w_1 = 1 - 2s + 2s^2$. Wir nehmen $w_1(s)$ als Näherung für $y_1(s)$. Um λ_1 auszumerzen, wird der Operator $\mathfrak{K}$ abgeändert in $\mathfrak{K}^* u = \mathfrak{K} u - \dfrac{(w_1,\, u)}{(w_1,\, w_1)}\, \mathfrak{K} w_1$. Für $u = 2s$ erhält man

$$b_0 = (u,\, u) = \frac{4}{3}, \qquad b_1 = (u,\, \mathfrak{K}^* u) = -\frac{1}{15}, \qquad b_2 = (u,\, \mathfrak{K}^* u) = \frac{17}{1260}.$$

Daraus ergeben sich die Näherungen

$$\frac{b_0}{b_1} = -20, \quad \frac{b_1}{b_2} = -\frac{84}{17} = -4{,}9412\ldots \quad \text{für } \lambda_2 \approx -4{,}9348.$$

§ 19. Gemischte Iteration für die inhomogene Integralgleichung.

In § 13 wurde gezeigt, daß das klassische Iterationsverfahren

$$u_{n+1} = \lambda \, \Re \, u_n + f$$

zum Auflösen der Gleichung $y = \lambda \, \Re \, y + f$ nur für $|\lambda| < |\lambda_1|$ konvergiert, falls λ_1 an der Differenz $w_0 = (y - u_0)$ beteiligt ist; dabei bedeutet u_0 die Ausgangsfunktion des Verfahrens und y die Lösung der Gleichung (I, § 1, 1).

Durch eine einfache Abänderung, nämlich durch den Ansatz

$$u_{n+1} = \Theta \, u_n + (1 - \Theta) \, \lambda \, \Re \, u_n + (1 - \Theta) \, f; \quad \Theta \neq 1 \tag{1}$$

gelang es Wiarda ([79], S. 126), die Beschränkung $|\lambda| < |\lambda_1|$ durch passende Wahl einer Konstanten Θ zu reduzieren. Das Verfahren (1) soll im folgenden als gemischte Iteration bezeichnet werden, weil u_{n+1} nicht allein $\Re \, u_n$, sondern auch u_n direkt enthält. Das von Wiarda für positiv definite Hermitesche Kerne mit Hilfe von Reihenentwicklungen betrachtete Verfahren wurde von H. Bückner [7] für beliebige zulässige Kerne untersucht. Die anschließende Darlegung folgt insbesondere der Arbeit [7].

Außer der Folge u_n werde noch die Folge

$$v_{n+1} = \Theta \, v_n + (1 - \Theta) \, \lambda \, \Re \, v_n \tag{2}$$

zu beliebig vorgegebenen zulässigen v_0 betrachtet. Ihre Konvergenz hängt insbesondere von λ und Θ ab. Konvergiert die Folge v_n zu einem Paar Θ, λ, wie auch immer v_0 gewählt sei, so heiße die Folge *total* konvergent. Die gleiche Definition sei auch auf die Folge u_n übertragen. Diese Folge heiße total konvergent, wenn sie für *jedes* zulässige u_0 konvergiert. Ist (I, § 1, 1) lösbar und y eine Lösung, so kann man jeder Folge u_n eine Folge $v_n = u_n - y$ zuordnen. Ist λ kein Eigenwert, so hat die totale Konvergenz der u_n die totale Konvergenz der Folgen v_n zur Folge; hiervon gilt die Umkehrung. Im übrigen ist dann

$$\lim_{n \to \infty} u_n = y, \quad \lim_{n \to \infty} v_n = 0.$$

Diese Bemerkungen lassen erkennen, daß es wesentlich auf die Untersuchung der Folgen v_n ankommt, der wir uns jetzt zuwenden.

Wir setzen $\lambda(1 - \Theta) = \Theta'$ und schreiben (2) in der Form

$$v_{n+1} = \Theta \, v_n + \Theta' \, \Re \, v_n = (\Theta + \Theta' \, \Re) \, v_n. \tag{2'}$$

Existieren Eigenwerte $\lambda_1, \lambda_2, \ldots$, so setzen wir $\varkappa_\nu = 1/\lambda_\nu$. Ist y_ν eine zu λ_ν gehörige Eigenfunktion, so erhalten wir

$$v_{n+1} = (\Theta + \Theta' \, \varkappa_\nu)^{n+1} \, y_\nu \quad \text{für} \quad v_0 = y_\nu.$$

Demnach kann totale Konvergenz nur eintreten, wenn alle Zahlen $\Theta + \Theta' \varkappa_\nu$ den *notwendigen Bedingungen*

$$|\Theta + \Theta' \varkappa_\nu| \leq 1; \quad \nu = 1, 2, \ldots \tag{3}$$

genügen. Sind unendlich viele Eigenwerte vorhanden, so folgt aus $\varkappa_\nu \to 0$ mit $\nu \to \infty$ und aus (3)

$$|\Theta| \leq 1. \tag{3'}$$

Es sei jetzt

$$|\Theta + \Theta' \varkappa_\nu| < 1, \quad \nu = 1, 2, \ldots \tag{4}$$

und

$$|\Theta| < 1. \tag{4'}$$

Die Bedingungen (4) schließen aus, daß λ ein Eigenwert ist. Die Bedingungen (4) und (4') zusammen sind *hinreichend* für die *totale Konvergenz* der Folgen $u_n(s)$ und $v_n(s)$. Zunächst folgt aus (2') ohne jede Einschränkung

$$v_n = (\Theta + \Theta' \mathfrak{K})^n v_0 = \Theta^n v_0 + \sum_{\nu=1}^{n} \Theta^{n-\nu} \Theta'^\nu \binom{n}{\nu} \mathfrak{K}^\nu v_0. \tag{5}$$

Nach (§ 11, 2) ist nun für ein gegebenes $\varepsilon > 0$

$$|K^{(\nu)}(s, t)| \leq (|\varkappa_1| + \varepsilon)^\nu \text{ für } \nu \geq N(\varepsilon).$$

Mit $\eta_i = |\Theta| + |\Theta'(|\varkappa_i| + \varepsilon)|$ läßt sich hieraus für $n \geq N(\varepsilon)$

$$|v_n| \leq |\Theta^n| \cdot |v_0| + \left| \sum_{\nu=1}^{N} \Theta^{n-\nu} \Theta'^\nu \binom{n}{\nu} \mathfrak{K}^\nu v_0 \right| + \eta_1^n \int_0^1 |v_0(s)| \, ds \tag{6}$$

ableiten. Ist $\eta_1 < 1$, so führen dieser Umstand und $|\Theta| < 1$ zu $\lim\limits_{n \to \infty} v_n = 0$ im Sinne gleichmäßiger Konvergenz. Der Fall $\eta_1 < 1$ ist realisierbar, wenn keine Eigenwerte vorhanden sind. Sollte $\eta_1 \geq 1$ sein, so wenden wir auf $\mathfrak{K}$ die Zerlegung (I, § 3, 7) $\mathfrak{K} = \mathfrak{A} + \mathfrak{B}$ hinsichtlich des Eigenwertes λ_1 an. In (5) eingeführt, ergibt dies

$$v_n = \big(\Theta + \Theta' \varkappa_1 + \Theta'(\mathfrak{A} - \varkappa_1)\big)^n v_0 + (\Theta + \Theta' \mathfrak{B})^n v_0 - \Theta^n v_0. \tag{7}$$

Nach (§ 11, 5) gilt eine Relation

$$(\mathfrak{A} - \varkappa_1)^r \cdot \mathfrak{A} v_0 = 0, \tag{8}$$

wobei r höchstens gleich der Ordnung ϱ ist, mit der λ_1 als Nullstelle der Fredholmschen Determinante auftritt. Aus (8) folgt für jede natürliche Zahl p

$$(\mathfrak{A} - \varkappa_1)^{r+p} v_0 = (-\varkappa_1)^p \cdot (\mathfrak{A} - \varkappa_1)^r v_0. \tag{9}$$

Mit den Abkürzungen $\Theta + \Theta' \varkappa_1 = \tilde{\Theta}$; $\mathfrak{A} - \varkappa_1 = \mathfrak{C}$ ergibt sich durch Entwickeln des 1. Gliedes rechts in (7) und Beachtung von (9)

$$v_n = \sum_{\nu=0}^{r-1} \binom{n}{\nu} \tilde{\Theta}^{n-\nu} \Theta'^\nu \cdot \{\mathfrak{C}^\nu - \mathfrak{C}^r(-\varkappa_1)^{\nu-r}\} \cdot v_0 \tag{10}$$
$$+ \mathfrak{C}^r(-\varkappa_1)^{-r} \Theta^n v_0 - \Theta^n v_0 + (\Theta + \Theta' \mathfrak{B})^n v_0.$$

Aus (4), (4′) und (10) ergibt sich

$$\lim_{n \to \infty} \{v_n - (\Theta + \Theta' \,\mathfrak{B})^n \, v_0\} = 0. \tag{11}$$

Wenn man die Aufspaltung (§ 11, 3)

$$\mathfrak{K} = \sum_{i=1}^{\nu} \mathfrak{A}_i + \mathfrak{B}_\nu$$

vornimmt, so ergibt sich die gleiche Relation für $\mathfrak{B}_\nu$. Wird ν hinreichend groß gewählt, so hat $\mathfrak{B}_\nu$ entweder keinen Eigenwert oder es wird wegen (4′) zu $|\Theta| + |\Theta'\, \varkappa_{\nu+1}| < 1$ kommen. Dann ist aber zu einem passenden $\varepsilon > 0$ auch

$$\eta_{\nu+1} = |\Theta| + |\Theta'|\,(|\varkappa_{\nu+1}| + \varepsilon) < 1$$

realisierbar, und diese Ungleichung spielt für $\mathfrak{B}_\nu$ die gleiche Rolle wie $\eta_1 < 1$ für $\mathfrak{K}$. Es muß dann $\lim_{n \to \infty} (\Theta + \Theta' \,\mathfrak{B}_\nu)^n \, v_0 = 0$ sein. Aus (11) folgt dann $\lim_{n \to \infty} v_n = 0$ im Sinne gleichmäßiger Konvergenz. Die Bedingungen (4) und (4′) sind damit als hinreichend für die totale Konvergenz erkannt. Es darf also der folgende Satz ausgesprochen werden:

Konvergenzsatz der gemischten Iteration:

Die Bedingungen $|\Theta| < 1$ und $|\Theta + (1 - \Theta)\, \lambda\, \varkappa_i| < 1$ für $i = 1, 2, \ldots$ sind hinreichend für die gleichmäßige Konvergenz der Folge $u_{n+1} = \Theta u_u + \lambda(1 - \Theta)\, \mathfrak{K} u_n + (1 - \Theta)\, f$ gegen die Lösung der Gleichung $y = \lambda\, \mathfrak{K}\, y + f$, wie auch u_0 gewählt werde.

Betrachten wir einige Spezialfälle. Es seien z. B. sämtliche Eigenwerte von $K(s, t)$ reell. Es sei λ_1 der kleinste positive und λ_{-1} der größte negative Eigenwert. Dann kann man durch passende Wahl von Θ in Abhängigkeit von λ totale Konvergenz für $\lambda_{-1} < \lambda < \lambda_1$ erzwingen. Die Bedingungen für reelles Θ sind

$$\begin{aligned}
&-1 < \Theta < 1 \\
&-1 - \frac{2\,\lambda}{\lambda_i - \lambda} < \Theta \qquad \text{für } i = +1, -1.
\end{aligned} \tag{12}$$

Existieren nur positive Eigenwerte, so ist

$$-\frac{\lambda_1 + \lambda}{\lambda_1 - \lambda} < \Theta \tag{12'}$$

die Bedingung für $\lambda < 0$.

Anmerkungen:

1. Zur Lösung von Systemen gewöhnlicher linearer Gleichungen wird ein Iterationsverfahren benutzt, dem das obige analog ist. Es sei

$$\mathfrak{C}\,\mathfrak{x} = \mathfrak{r} \tag{13}$$

das Gleichungssystem in Matrizenschreibweise. R. v. Mises und H. Pollaczek-Geiringer [46] iterieren nach den Formeln

$$\mathfrak{x}_{n+1} = \mathfrak{x}_n + \mathfrak{D}\,(\mathfrak{C}\,\mathfrak{x}_n - \mathfrak{r}) \tag{14}$$

mit $\mathfrak{D}$ als Diagonalmatrix. Ist insbesondere $\mathfrak{D} = (\Theta - 1)\,\mathfrak{E}$ mit $\mathfrak{E}$ als Einheitsmatrix, so wird

$$\mathfrak{x}_{n+1} = \mathfrak{x}_n + (\Theta - 1)\,(\mathfrak{C}\,\mathfrak{x}_n - \mathfrak{r})\,. \tag{14'}$$

Ersetzt man nun die Vektoren $\mathfrak{r}$, $\mathfrak{x}_n$, $\mathfrak{x}_{n+1}$ durch die Funktionen f, u_n, u_{n+1} und $\mathfrak{C}$ durch $(1 - \lambda\,\mathfrak{K})$ mit $\mathfrak{K}$ als Integraloperator, so erhält man das Verfahren der gemischten Iteration.

2. Die gemischte Iteration läuft für $f(s) = K(s, t)$ auf eine Summierung der Neumannschen Reihe nach Euler-Knopp [40] hinaus.

3. Carl Wagner [91] verallgemeinert den Ansatz (1) im Sinne von (14), indem er Θ als Funktion ansetzt, insbesondere in der Form $\Theta = \dfrac{\lambda\,\mathfrak{K}\,e}{(\lambda\,\mathfrak{K}\,e - e)}$ mit $e \equiv 1$. Dies bewährt sich z. B. bei Kernen, die relativ große Werte in der Diagonalen $s = t$ annehmen. Wagner gibt auch hinreichende Konvergenzbedingungen an; notwendige fehlen noch.

4. R. Bellmann [90] weist nach, daß jede reguläre Summierungsmethode, die für die geometrische Reihe $1 + z + \dots$ den Wert $1/1 - z$ für $z \neq 1$ liefert, auf die Neumannsche Reihe anwendbar ist und die Lösung von (I, § 1, 1) liefert, sofern λ kein Eigenwert ist. Der Beweis wird für reelle symmetrische Kerne geführt. Bellmann merkt jedoch an, daß er den Beweis auch für beliebige Kerne führen könne. Er läßt es offen, welche besonderen Summierungsverfahren sich für die praktische Anwendung empfehlen.

13. Beispiel:

Zu berechnen sei die Lösung von

$$y(s) = - 3 \int\limits_0^1 \mathrm{Min}\,(s, t)\,y(t)\,dt + 1\,.$$

Der Kern ist positiv definit; der kleinste Eigenwert ist $\lambda_1 = \dfrac{\pi^2}{4}$. Es sei $u_0 \equiv 1;\ \Theta = \dfrac{1}{2}$. Dann ist $u_1 = \dfrac{1}{4} + \dfrac{3}{4}\,(1 - s)^2,\ u_2 = \dfrac{11}{32} + \dfrac{9}{16}\,(1 - s)^2 + \dfrac{3}{32}\,(1 - s)^4$. Die exakte Lösung ist $y(s) = \dfrac{\cosh \sqrt{3}\,(1 - s)}{\cosh \sqrt{3}}$. Die folgende Tabelle läßt die Approximation von y durch u_1 und u_2 erkennen.

n	s_n	$1 - s_n$	$u_1(s_n)$	$u_2(s_n)$	$y(s_n)$	$u_2(s_n) - y(s_n)$
0	0	1	1	1	1	0
1	$1 - \dfrac{\sqrt{3}}{2}$	$\dfrac{\sqrt{3}}{2}$	$\dfrac{13}{16} = 0{,}8125$	$\dfrac{419}{512} \approx 0{,}8183$	$0{,}8071$	$0{,}0112$
2	$1 - \dfrac{\sqrt{3}}{3}$	$\dfrac{\sqrt{3}}{3}$	$\dfrac{1}{2} = 0{,}5$	$\dfrac{13}{24} \approx 0{,}5417$	$0{,}5294$	$0{,}0123$
3	$1 - \dfrac{\sqrt{3}}{6}$	$\dfrac{\sqrt{3}}{6}$	$\dfrac{5}{16} = 0{,}3125$	$\dfrac{601}{1536} \approx 0{,}3913$	$0{,}3869$	$0{,}0044$
4	1	0	$\dfrac{1}{4} = 0{,}25$	$\dfrac{11}{32} \approx 0{,}3438$	$0{,}3431$	$0{,}0007$

Auf die maximale Ordinate bezogen, beträgt der Fehler von $u_2(s_n)$ nicht mehr als $1{,}3\%$.

§ 20. Berechnung von Eigenwerten und Eigenfunktionen nach der gemischten Iteration.

Eine gegebene Funktion v_0 werde mit Hilfe gegebener Zahlen Θ und Θ' nach (§ 19, 2') iteriert. Der Kern $K(s, t)$ besitze Eigenwerte. Es sei für einen gewissen Index ν

$$|\tilde{\Theta}| = |\Theta + \Theta' \varkappa_\nu| > |\Theta + \Theta' \varkappa_\mu| \quad \text{für} \quad \mu \neq \nu. \tag{1}$$

Die Zerlegung (I, § 3, 7) $\mathfrak{K} = \mathfrak{A} + \mathfrak{B}$ werde auf den Eigenwert λ_ν bezogen. Schließlich sei

$$\mathfrak{A} v_0 \not\equiv 0, \tag{2}$$

d. h. λ_ν sei an v_0 beteiligt. Wir denken uns nun die Formel (§ 19, 10) auf $\varkappa_\nu$ statt auf $\varkappa_1$ bezogen. Es ist dann $\mathfrak{C} = \mathfrak{A} - \varkappa_\nu$ zu setzen. Wir dürfen vorausetzen, daß die Zahl r in (§ 19, 8) so bestimmt ist, daß für das gegebene v_0

$$\left(\mathfrak{C}^{r-1} - \mathfrak{C}^r (-\varkappa_\nu)^{-1}\right) v_0 = \frac{\mathfrak{C}^{r-1}}{\varkappa_\nu} \mathfrak{A} v_0 \not\equiv 0 \tag{3}$$

ist. Setzen wir schließlich noch $|\Theta| \leq |\tilde{\Theta}|$ voraus, so ergibt sich aus (§ 19, 10)

$$\lim_{n \to \infty} \frac{v_n \, n^{1-r}}{\tilde{\Theta}^n} = \frac{\Theta'^{r-1}}{\tilde{\Theta}^{r-1} \varkappa_\nu (r - 1)!} \mathfrak{C}^{r-1} \mathfrak{A} v_0 = v \not\equiv 0. \tag{4}$$

Andererseits ist nach (§ 19, 8) $\mathfrak{C}^r \mathfrak{A} v_0 \equiv 0$, so daß v eine Eigenfunktion zu λ_ν darstellt.

Die Iterationsfolge v_n verhält sich also ähnlich wie die Folge w_n der klassischen Iteration. *Asymptotisch* gilt

$$v_n(s) \approx v(s) \, n^{r-1} (\Theta + \Theta' \varkappa_\nu)^n. \tag{5}$$

Man erkennt jetzt deutlich, daß ein Analogon zur Wielandtschen Formel (§ 11, 15) besteht.

Im wesentlichen hat man dort die Zahlen $\varkappa_\nu$ durch die Zahlen $\Theta + \Theta' \varkappa_\nu$ zu ersetzen, um das Analogon zu finden. Auch dürften sich viele Folgerungen, die in den §§ 14—16 gezogen wurden, auf das Verfahren (§ 19, 2') übertragen lassen.

An einem einfachen Beispiel sei erläutert, wie man das Verfahren vorteilhaft anwenden kann. Ohne Beschränkung der Allgemeinheit darf $\Theta' = 1$ gesetzt werden. Es sei nun $K(s, t)$ ein Kern mit lauter reellen Eigenwerten; λ_1 sei der kleinste positive, λ_{-1} der größte negative Eigenwert. Ohne Beschränkung der Allgemeinheit darf noch angenommen werden, daß beide an $v_0(s)$ beteiligt sind. Will man nun λ_1 berechnen, so muß $|\Theta + \varkappa_1| > |\Theta + \varkappa_{-1}|$ sein. Das ist für $2\Theta > -(\varkappa_1 + \varkappa_{-1})$ der

Fall. Für $2\Theta < -(\varkappa_1 + \varkappa_{-1})$ führt das Verfahren unmittelbar zu λ_{-1}. Man erkennt auch, daß passende Wahl von Θ den Konvergenzgrad gegenüber dem klassischen Verfahren erhöht.

§ 21. Ein stets anwendbares Iterationsverfahren.

Der Ansatz von Wiarda wird von H. Bückner [8] verallgemeinert. Er setzt — sofern λ kein Eigenwert ist —

$$u_{n+1} = \left(\Theta_{n+1} + \lambda(1 - \Theta_{n+1})\,\Re\right) u_n + (1 - \Theta_{n+1})\,f, \tag{1}$$

um eine gegen die Lösung $y(s)$ der Gleichung (I, § 1, 1) konvergente Iterationsfolge zu erhalten. Zugleich mit (1) betrachtet er die Folge

$$v_{n+1} = \left(\Theta_{n+1} + \Theta'_{n+1}\,\Re\right) v_n; \quad \Theta'_{n+1} = \lambda(1 - \Theta_{n+1}). \tag{2}$$

Die Parameter $\Theta_n\ (\neq 1)$ sollen eine *periodische* Folge bilden, d. h. es soll

$$\Theta_{k+\varrho} = \Theta_k, \quad k \text{ beliebig} \tag{3}$$

für eine feste Zahl $\varrho \geq 1$ sein. Für $\varrho = 1$ geht das Verfahren in die Wiarda-Iteration über. Auch lassen sich die Teilfolgen $v_{k+n\varrho}$ bei festem k als Wiarda-Folgen eines geeigneten Kerns auffassen. Um dies einzusehen, setzen wir

$$P(x) = \prod_{i=1}^{\varrho} (\Theta_i + \Theta'_i\,x) \tag{4}$$

$$P(0) = \prod_{i=1}^{\varrho} \Theta_i = \Theta \tag{5}$$

$$Q(x) = P(x) - \Theta \tag{6}$$

und führen den Polynomoperator $\mathfrak{L} = Q(\Re)$ in die Betrachtung ein. Es gilt dann

$$v_{k+\varrho} = (\Theta + \mathfrak{L})\, v_k. \tag{7}$$

Bezeichnen wir die reziproken Eigenwerte von $\mathfrak{L}$ mit $\sigma_1, \sigma_2, \ldots$, so müssen nach I, § 5 alle Zahlen $\Theta + \sigma_i$ in der Form $\Theta + \sigma_i = P(\varkappa_\nu)$ mit geeignet gewähltem $\varkappa_\nu$ darstellbar sein. Nunmehr lassen sich die Ergebnisse der §§ 19 und 20 sofort auf das neue Verfahren übertragen. Für $P(0) < 1$ und $|P(\varkappa_\nu)| < 1$ konvergiert daher die Folge $v_n(s)$ gleichmäßig gegen Null, und die Folge $u_n(s)$ gleichmäßig gegen die Lösung der Gleichung (I, § 1, 1). Sind keine Eigenwerte vorhanden, so ist bereits $|P(0)| < 1$ hinreichend.

Mit Benutzung der Größen $z_\nu = \lambda \varkappa_\nu$ dürfen wir die obigen Bedingungen in der Form

$$\prod_{i=1}^{\varrho} |\Theta_i + (1 - \Theta_i)\, z_k| < 1; \quad |\Theta_1 \Theta_2 \cdots \Theta_\varrho| < 1 \tag{8}$$

wiedergeben. Wegen $\Theta_i \neq 1$ lassen sich neue Parameter ϑ_i mittels der Formeln

$$\frac{\Theta_i}{\Theta_i - 1} = \vartheta_i (\neq 1); \quad \Theta_i = \frac{\vartheta_i}{\vartheta_i - 1} \tag{9}$$

einführen. Dann geht (8) über in

$$\begin{cases} \prod_{i=1}^{\varrho} |z_k - \vartheta_i| < \prod_{i=1}^{\varrho} |1 - \vartheta_i|; \quad (k = 1, 2, \ldots), \\ \prod_{i=1}^{\varrho} |\vartheta_i| < \prod_{i=1}^{\varrho} |1 - \vartheta_i|. \end{cases} \tag{10}$$

Für jedes λ lassen sich diese Bedingungen stets mit Hilfe geeigneter Parameter Θ_i befriedigen. Sind nur endlich viele (m) Eigenwerte vorhanden, so setzen wir $\varrho = m + 1; \vartheta_i = z_i$ und $\vartheta_{m+1} = 0$. Sind unendlich viele vorhanden, so existiert wegen $\lim_{k \to \infty} z_k = 0$ und $z_k \neq 1$ ein Index ν, so daß

$$\prod_{i=1}^{\nu} |2 z_i| < \prod_{i=1}^{\nu} |1 - z_i|$$

gilt. Alsdann setzen wir $\varrho = \nu$ und $\vartheta_i = z_i$ für $i = 1, 2, \ldots, \nu$. Die zweite Bedingung (10) ist erfüllt. Die erste Bedingung ist für $k \leq \nu$ ebenfalls erfüllt. Für $k > \nu$ gilt aber

$$|z_k - \vartheta_i| \leq |z_k| + |\vartheta_i| \leq 2 |\vartheta_i|,$$

so daß (10) in allen Teilen befriedigt ist. Damit ist nachgewiesen, daß man die Parameter $\Theta_1, \Theta_2, \ldots, \Theta_\varrho$ stets so wählen kann, daß die Folge $u_n(s)$ gegen die Lösung der Integralgleichung (I, § 1, 1) konvergiert, wie auch $u_0(s)$ gewählt sein mag, wenn nur λ kein Eigenwert ist.

Für das praktische Rechnen wird man ϱ nicht zu groß wählen. Falls λ reell ist und $K(s, t)$ nur reelle Eigenwerte besitzt, genügt bereits ein Verfahren mit $\varrho = 2$, nämlich

$$u_1 = (1 - \alpha) u_0 + \lambda \alpha \, \Re \, u_0 + \alpha \, f$$
$$u_2 = 1 + \alpha) u_1 - \lambda \alpha \, \Re \, u_1 - \alpha \, f \tag{11}$$

usw. Hinreichend für totale Konvergenz sind die Bedingungen

$$|1 - \alpha^2 (z_k - 1)^2| < 1 \tag{12}$$

$$|1 - \alpha^2| < 1. \tag{13}$$

Bei reellem λ sind sämtliche z_k reell. Ganz offensichtlich lassen sich beide Bedingungen mit einem hinreichend kleinen positiven α^2 befriedigen.

Die Iterationsfolge (2) läßt sich zum Berechnen von Eigenfunktionen und Eigenwerten anwenden. Sei etwa $|P(\varkappa_\nu)| > |P(0)|$ und $|P(\varkappa_\nu)| > |P(\varkappa_\mu)|$ für $\mu \neq \nu$; sei ferner der reziproke Eigenwert $Q(\varkappa_\nu)$ von $Q(\Re)$ an v_0 beteiligt. Aus (§ 20, 4) folgt dann

$$\lim_{n \to \infty} v_{k+n\varrho} \, P(\varkappa_\nu)^{-n} \, n^{1-r} = v \tag{14}$$

im Sinne gleichmäßiger Konvergenz. Dabei ist v eine von k abhängige Eigenfunktion von $Q(\mathfrak{R})$ zu $Q(\varkappa_\nu)$. Ist $Q(\varkappa_\nu)$ **einfach**, ein Fall, der in den Anwendungen mit großer Wahrscheinlichkeit auftritt, so ist v zugleich eine Eigenfunktion von $\mathfrak{R}$, und man kann $\varkappa_\nu$ direkt aus der Folge (2) ermitteln, ohne zuvor $P(\varkappa_\nu)$ bestimmen zu müssen. In der Tat muß asymptotisch für große n die Relation $v_n \approx (\Theta_n + \Theta_n' \varkappa_\nu)\, v_{n-1}$ bestehen, die $\varkappa_\nu$ unmittelbar zu berechnen gestattet.

Die obige Grenzfunktion v ist mit Sicherheit eine Eigenfunktion von $\mathfrak{R}$, wenn $\mathfrak{R}$ *normal* ist. Der Beweis läßt sich leicht mit Hilfe des Hilbertschen Fundamentalsatzes (I, § 4, 5) führen. Es ist nämlich

$$\left(\bar{v},\, Q(\mathfrak{R})\, v\right) = Q(\varkappa_\nu)\, (\bar{v},\, v) = \sum Q(\varkappa_i)\, \left|(v,\, \bar{y}_i)\right|^2;$$

mit den zu $\mathfrak{R}$ gehörigen Eigenfunktionen y_i. Die Summation ist nur über die zu $\varkappa_\nu$ gehörigen Eigenfunktionen zu erstrecken. Mit Bezug auf diese Eigenfunktionen ist daher $(\bar{v},\, v) = \sum |(v,\, \bar{y}_i)|^2$. Daher muß v eine Linearkombination aus den y_i, also eine Eigenfunktion von $\mathfrak{R}$ sein.

Sehr oft wird es vorkommen, daß eine algebraische Gleichung $F(x) = 0$ zur näherungsweisen Bestimmung irgendwelcher ϱ reziproker Eigenwerte $\varkappa_1, \varkappa_2, \ldots, \varkappa_\varrho$ benutzt wurde. Will man nun einen weiteren Wert $\varkappa_{\varrho+1}$ berechnen, der sich von den ϱ ersten unterscheidet, so wird man $P(x) = F(x)$ setzen und dadurch eine Iterationsfolge erhalten, aus der man den neuen Eigenwert und die zugehörige Eigenfunktion nach den Methoden der §§ 14—16 berechnen kann.

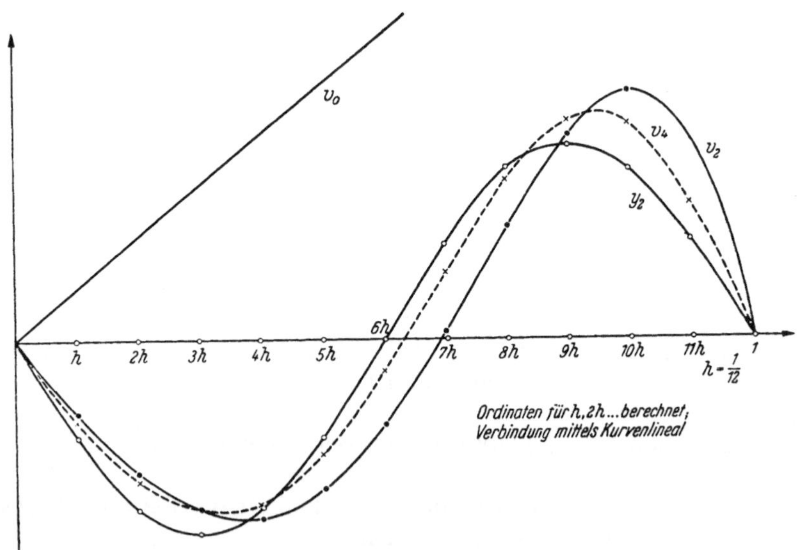

Abb. 1.

14. Beispiel:

$K(s, t) = s(1 - t)$ für $0 \leq s \leq t$; $K(s, t) = K(t, s)$. Die Eigenwerte sind $\lambda_k = k^2 \pi^2$ mit den Eigenfunktionen $y_k(s) = \sin \pi k s$ (unnormiert!). Sei y_2 zu berechnen. Wir wählen

$$\varrho = 2, \quad \Theta_1 = \frac{4}{3}, \quad \Theta_2 = 0, \quad \Theta_1' = \frac{-40}{3}, \quad \Theta_2' = 40.$$

Es ist dann $P(x) = \dfrac{160\,x}{3}(1 - 10\,x)$. In Abb. 1*) sind die Eigenfunktionen y_2 und die Näherungen $v_0 = s$, v_2 und v_4 dargestellt. Bereits v_2 läßt die Gestalt der Funktionskurve von y_2 qualitativ gut erkennen.

Anmerkungen:

1. Das 14. Beispiel läßt sich schon der klassischen Iteration unterordnen, denn $P(\Re)$ ist in diesem Falle ein reiner Integraloperator; seine Wirkungsweise beruht darauf, daß $\varkappa_2$ in den absolut größten reziproken Eigenwert von $P(\Re)$ übergegangen ist. Dieser Gedanke liegt auch einer Arbeit von W. M. Kincaid [39] zugrunde. Zur Bestimmung von Eigenwerten und Eigenvektoren von Matrizen berechnet er eine geeignete Polynommatrix und wendet dann unmittelbar auf sie das klassische Iterationsverfahren an.

2. Um den ersten Eigenwert λ_1 eines Integraloperators nach wenigen Iterationsschritten möglichst genau berechnen zu können, benutzt G. F. Carrier [13] den Polynomoperator

$$Q(\Re) = \Re(\Re - \varkappa_2^*)(\Re - \varkappa_3^*).$$

Dabei sind $\varkappa_2^*$ und $\varkappa_3^*$ bekannte Näherungswerte für $\varkappa_2$ und $\varkappa_3$. Er berechnet zu einer Ausgangsfunktion v_0 die Funktionen $v = \Re v_0$ und $w = Q(\Re) v_0$ und setzt näherungsweise

$$\lambda_1 = \frac{(w, w)}{(w, \Re w)}.$$

Die vorgeschlagene Verbesserung wird nicht weiter untersucht, sondern numerisch für den Kern des 14. Beispiels illustriert.

§ 22. Gebrochen lineare Iteration.

Um *höhere* Eigenwerte zu berechnen, empfiehlt H. Wielandt [84] eine sogenannte gebrochene Iteration für die Berechnung von Eigenwerten und Eigenfunktionen, die zu linearen Operatoren gehören. Bei Integraloperatoren $\Re$ führt dies zur Iterationsfolge

$$(1 - \lambda^* \, \Re)\, w_n = w_{n-1}, \tag{1}$$

wobei λ^* kein Eigenwert ist. Wir dürfen auch schreiben

$$w_n = \big(1 + \lambda^* \, \Gamma(\lambda^*)\big)\, w_{n-1}. \tag{2}$$

In dieser Form läuft das vorgeschlagene Verfahren auf die gemischte Iteration hinaus. Um seine Auswirkungen zu übersehen, muß man die

---

*) Der Arbeit [8] entnommen.

Eigenwerte von $\Gamma(\lambda^*)$ feststellen. Nach I, § 3 ermitteln sich die Eigenwerte $\lambda_1^*, \lambda_2^*, \ldots$ von $\Gamma(\lambda^*)$ aus den Eigenwerten λ_1, λ_2 von $\mathfrak{K}$ durch die Relationen

$$\lambda_k^* = \lambda_k - \lambda^*. \tag{3}$$

Wir haben also die dem Betrag nach größte der Zahlen

$$1 + \frac{\lambda^*}{\lambda_k - \lambda^*} = l_k = \frac{1}{1 - \lambda^* \varkappa_k}, \qquad \varkappa_k = \frac{1}{\lambda_k} \tag{4}$$

zu bestimmen. Liegt λ^* in der Nähe eines Eigenwertes λ_ν, so wird im allgemeinen l_ν den größten Betrag haben und auch mit diesem Betrag über Eins liegen. Daher liefert das Verfahren den Eigenwert $\lambda_\nu^* = \lambda_\nu - \lambda^*$ für den Kern $\Gamma(s, t; \lambda^*)$ und damit den Eigenwert λ_ν für den Kern $K(s, t)$. Die zugehörigen Eigenfunktionen sind in beiden Fällen die gleichen. Die numerische Ausführung des Verfahrens dürfte mühselig sein, weil jeder Iterationsschritt die Lösung der inhomogenen Integralgleichung (1) erfordert.

Das besprochene Verfahren stellt ein Analogon zu einem von Picone und Cesari [14] entwickelten Verfahren zum Auflösen linearer Gleichungen

$$\mathfrak{C}\,\mathfrak{x} = \mathfrak{r}$$

dar. Nach Cesari wird die Matrix $\mathfrak{C}$ aufgespalten gemäß

$$\mathfrak{C}_1 + \mathfrak{C}_2 = c\,\mathfrak{C},$$

wobei c eine Konstante bedeutet. Ist $\mathfrak{C}_1$ nichtsingulär, so definieren die Gleichungen

$$\left\{ \begin{aligned} \mathfrak{C}_1\,\mathfrak{x}_0 &= c\,\mathfrak{r} - \mathfrak{C}_2\,\mathfrak{v} \\ \mathfrak{C}_1\,\mathfrak{x}_1 &= c\,\mathfrak{r} - \mathfrak{C}_2\,\mathfrak{x}_0 \\ &\cdots\cdots\cdots\cdots \\ \mathfrak{C}_1\,\mathfrak{x}_n &= c\,\mathfrak{r} - \mathfrak{C}_2\,\mathfrak{x}_{n-1} \end{aligned} \right. \tag{5}$$

eine Iterationsfolge $\mathfrak{x}_0, \mathfrak{x}_1, \ldots$, die vom Vektor $\mathfrak{v}$ abhängt. Für $\mathfrak{v} = 0$ wurde das Verfahren von Picone angegeben. Übrigens ist auch das von R. v. Mises und H. Pollaczek-Geiringer beschriebene Verfahren (§ 19) als Spezialfall in den Gleichungen (5) enthalten, worauf E. Bodewig [4] hinweist. Setzt man $\mathfrak{v} = 0$, $\mathfrak{C}_2 = -\mathfrak{C}$ (Einheitsmatrix) und $c = \lambda^*$, so erhält man die Formeln

$$(\mathfrak{C} + \lambda^*\,\mathfrak{C})\,\mathfrak{x}_n = \mathfrak{r}_{n-1}; \tag{6}$$

ersetzt man hierin den algebraischen Operator $\mathfrak{C}$ durch einen Integraloperator $\mathfrak{K}$, so ergibt sich das Verfahren der gebrochen linearen Iteration, um die Eigenwerte von $\mathfrak{K}$ zu ermitteln. Vertauscht man die Rollen von $\mathfrak{C}_1$ und $\mathfrak{C}_2$, was insbesondere auf ein Vertauschen von $\mathfrak{x}_n$ und $\mathfrak{x}_{n-1}$ in (6) hinausläuft, so ergibt sich das Verfahren nach von Mises und Pollaczek-Geiringer.

§ 23. Quadratisch konvergente Iteration.

Der reziproke Kern $\Gamma(s, t; \lambda)$ zu $K(s, t)$ läßt sich für $|\lambda| < |\lambda_1|$ als das Ergebnis des klassischen Iterationsverfahrens

$$\Gamma_n(s, t; \lambda) = K(s, t) + \lambda \int_0^1 K(s, \tau)\, \Gamma_{n-1}(\tau, t; \lambda)\, d\tau$$

darstellen. Es ist

$$\Gamma(s, t; \lambda) = \lim_{n \to \infty} \Gamma_n(s, t; \lambda),$$

denn Γ_n stellt im Spezialfall $\Gamma_0 \equiv 0$ nichts anderes als den n. Abschnitt der Neumannschen Reihe dar.

Für algebraische Operatoren empfiehlt Günther Schulz [64] die Berechnung einer reziproken Matrix $\mathfrak{A}^{-1}$ auf Grund der Iteration

$$\mathfrak{R}_{n+1} = \mathfrak{R}_n (2\,\mathfrak{E} - \mathfrak{A}\,\mathfrak{R}_n); \quad |\det\,(\mathfrak{A}\mathfrak{R}_0 - \mathfrak{E})| < 1. \tag{1}$$

Wenn die Folge $\mathfrak{R}_n$ überhaupt konvergiert, so konvergiert sie gegen $\mathfrak{A}^{-1}$. Bodewig [4, 5] untersucht die Konvergenz der Folge (1) im Rahmen allgemeiner Konvergenzgradbetrachtungen. Er nennt eine Matrizenfolge $\mathfrak{R}_k \to \mathfrak{R}$ *konvergent im Grade n*, wenn

$$(\mathfrak{R}_{i+1} - \mathfrak{R}) = \mathfrak{M}(\mathfrak{R})\,(\mathfrak{R}_i - \mathfrak{R})^n$$

gesetzt werden kann, wobei $\mathfrak{M}$ eine von $\mathfrak{R}$ abhängige Matrix bedeutet. Je höher der Konvergenzgrad, desto stärker die Konvergenz. Die Folge (1) ist in diesem Sinne quadratisch konvergent. Bodewig weist ausdrücklich darauf hin, daß die Methode (1) eine Übertragung auf beliebige lineare Operatoren zuläßt, insbesondere empfiehlt er ihre Benutzung für Volterrasche Integralgleichungen. Im Falle einer Integralgleichung $y - \lambda\,\mathfrak{K}\,y = f$ mit dem Integraloperator $\mathfrak{K}$ hätte man die Folge (1) wie folgt zu übertragen

$$\Gamma^*_{n+1} = 2\,\Gamma^*_n - \Gamma^*_n(1 - \lambda\,\mathfrak{K})\,\Gamma^*_n, \tag{2}$$

wobei Γ^*_n eine Operatorfolge darstellt, die noch von einem Anfangsoperator Γ^*_0 abhängt. Die Folge Γ^*_n soll — das wird angestrebt — gegen den zu $(1 - \lambda\,\mathfrak{K})$ reziproken Operator $\Gamma^* = 1 + \lambda\,\Gamma(\lambda)$ konvergieren. Es sei noch $\Gamma^*_n = 1 + \lambda\,\Gamma_n$ in (2) eingeführt. Man erhält dann

$$\Gamma_{n+1} = -\lambda\,\Gamma_n^2 + (1 + \lambda\,\Gamma_n)\,\mathfrak{K}\,(1 + \lambda\,\Gamma_n). \tag{3}$$

Man hätte zu zeigen, daß, ausgehend von einem Integraloperator Γ_0, die Folge der Integraloperatoren Γ_n gegen den Integraloperator $\Gamma(\lambda)$ konvergiert. Führt man die Abweichungen $\Delta_n = \Gamma_n - \Gamma(\lambda)$ ein, so ergibt sich aus (3) unter Berücksichtigung der Relation $(1 - \lambda\,\mathfrak{K})\,(1 + \lambda\,\Gamma(\lambda)) = 1$

$$\Delta_{n+1} = -\lambda\,\Delta_n(1 - \lambda\,\mathfrak{K})\,\Delta_n. \tag{4}$$

Man kann hieraus leicht ein hinreichendes Konvergenzkriterium ableiten. Setzt man

$$-\lambda\,\Delta_{n+1}\,(1 - \lambda\,\mathfrak{K}) = \tilde{\Delta}_{n+1}, \tag{5}$$

so folgt das die quadratische Konvergenz augenscheinlich machende Gesetz

$$\tilde{\Delta}_{n+1} = \tilde{\Delta}_n^2. \tag{6}$$

Ist λ kein Eigenwert, so sind die Folgen Δ_n und $\tilde{\Delta}_n$ zugleich konvergent oder divergent. Die Folge (6) konvergiert aber mit Sicherheit gegen Null, wenn zum Operator

$$- \widetilde{\varDelta}_0 = \lambda \varDelta_0 (1 - \lambda \, \Re) = (1 + \lambda \varGamma'_0 - 1 - \lambda \varGamma'(\lambda)) \, (1 - \lambda \, \Re) \qquad (7)$$

$$= (1 + \lambda \varGamma'_0) \, (1 - \lambda \, \Re) - 1$$

$$= \lambda (\varGamma_0 - \Re - \lambda \, \varGamma_0 \, \Re)$$

ein Kern $G(s, t; \lambda)$ gehört, für den $|G| < 1$ ist. Dies ist der Fall, wenn $\varGamma_0$ hinreichend nahe an $\varGamma(\lambda)$ herankommt. Die Methode (3) ermöglicht es also, für beliebige λ, die keinen Eigenwert bilden, den reziproken Kern zu berechnen.

Setzt man $\varGamma_0 = \Re$ in (7), so gehört $G(s, t; \lambda)$ zu $\lambda^2 \, \Re^2$. Im Falle, daß $\Re$ eine Volterrasche Gleichung kennzeichnet, wird dann das Verfahren (3) stets konvergieren, weil die zu $\widetilde{\varDelta}_n$ gehörigen Kerne gleichmäßig gegen Null streben.

IV. Abschnitt.

Ersatz des Kernes und der Störfunktion.

Schon die bisher beschriebenen Verfahren haben erkennen lassen, wie nützlich es sein kann, außer dem Operator $\Re$ noch einen anderen Operator Ω zu betrachten; und zwar einen Polynomoperator, der nach den in III, § 18 beschriebenen Abänderungen aus $\Re$ entsteht.

In diesem Abschnitt steht der Gedanke, den Kern $K(s, t)$ durch einen anderen Kern $K^*(s, t)$ zu ersetzen, in der Mitte aller Überlegungen. Der Ersatzkern $K^*(s, t)$ soll zu einer Integralgleichung führen, die sich numerisch leichter als die gegebene behandeln läßt. Überdies wird verlangt, daß die Eigenwerte und Eigenfunktionen von $K^*(s, t)$ sich möglichst wenig von den Eigenfunktionen und Eigenwerten von $K(s, t)$ unterscheiden. Man kann die Ersatzmethode auch auf die Störfunktion $f(s)$ in der Integralgleichung (I, § 1, 1) ausdehnen, um eine einfachere Behandlung der inhomogenen Gleichung zu ermöglichen.

Der Ersatzmethode lassen sich viele numerische Methoden unterordnen. Dies gilt insbesondere für die Störungsrechnung, für die sogenannten Analogieverfahren, bei denen das Integral in (I, § 1, 1) durch eine Summe approximiert wird, für das sogenannte Ritzsche Verfahren und für die praktische Anwendung der Transformation einer Integralgleichung auf ein System linearer Gleichungen mit unendlich vielen Unbekannten.

§ 24. Die Abschätzungen von Tricomi.

In der Gleichung (I, § 1, 1)

$$y(s) = \lambda \int_0^1 K(s, t) \, y(t) \, dt + f(s)$$

werde $K(s, t)$ durch einen anderen zulässigen Kern $K^*(s, t)$ ersetzt. Die hierdurch hervorgerufenen Änderungen wurden von Tricomi [74] betrachtet. T r i c o m i geht von Abschätzungen der Form

$$|K(s, t)| \leq N \tag{1}$$

$$|K^*(s, t) - K(s, t)| \leq \varepsilon \tag{2}$$

aus, wobei ε und N von s und t nicht abhängen. Aus ihnen folgt zunächst

$$|K^*(s, t)| \leq N + \varepsilon. \tag{3}$$

Unter Benutzung der H a d a m a r d schen Determinantenabschätzung findet er

$$\left| \begin{vmatrix} K(s_1\, s_1) \ldots K(s_1, s_n) \\ \vdots \\ K(s_n\, s_1) \ldots K(s_n, s_n) \end{vmatrix} - \begin{vmatrix} K^*(s_1, s_1) \ldots K^*(s_1, s_n) \\ \vdots \\ K^*(s_n, s_1) \ldots K^*(s_n, s_n) \end{vmatrix} \right|$$

$$\leq n^{\frac{n}{2}} \left((N + \varepsilon)^n - N^n \right),$$

woraus sich für die F r e d h o l m schen Determinanten die Abschätzung

$$|D(\lambda) - D^*(\lambda)| \leq \sum_{n=0}^{\infty} \frac{|\lambda|^n}{n!} \, n^{\frac{n}{2}} \cdot [(N + \varepsilon)^n - N^n] \tag{4}$$

ergibt.

Führt man die **ganze** Funktion

$$\Omega(x) = \sum_{n=0}^{\infty} \frac{n^{\frac{n}{2}}}{n!} \, x^n \tag{5}$$

ein, so darf auch

$$|D(\lambda) - D^*(\lambda)| \leq \Omega(x) \; \Big|_{|\lambda| \cdot N}^{|\lambda| \cdot (N + \varepsilon)} \tag{6}$$

geschrieben werden. Auf dem gleichen Wege findet T r i c o m i

$$|\lambda| \cdot |D(s, t; \lambda) - D^*(s, t; \lambda)| \leq x : \Omega'(x) \; \Big|_{|\lambda| \cdot N}^{|\lambda| \cdot (N + \varepsilon)} \tag{7}$$

Hieraus ergibt sich nebenher, daß

$$|D(\lambda)| \leq \Omega(|\lambda| N) \tag{6'}$$

$$|D(s, t; \lambda)| \leq N \cdot \Omega'(|\lambda| N) \tag{7'}$$

und die Reihe für $N \cdot \Omega'(\lambda N)$ eine von s und t unabhängige Majorante für $D(s, t; \lambda)$ ist.

Ist nun λ kein Eigenwert von K und K^*, so findet man für die Differenz der reziproken Kerne die Abschätzung

$$|\Gamma(s, t; \lambda) - \Gamma^*(s, t; \lambda)| \leq \frac{N \cdot \Omega'(|\lambda| \cdot N) \cdot \delta + \Omega(|\lambda| \cdot N) \, \Delta}{|D(\lambda) D^*(\lambda)|} \tag{8}$$

mit

$$\begin{cases} \delta = \Omega(|\lambda|(N + \varepsilon)) - \Omega(|\lambda| \cdot N) \leq \varepsilon |\lambda| \cdot \Omega'(|\lambda| \cdot (N + \varepsilon)) \\ \Delta = (N + \varepsilon) \Omega'(|\lambda| \cdot (N + \varepsilon)) - N \Omega'(|\lambda| \cdot N) \end{cases} \tag{8'}$$

$$\leq \varepsilon \cdot \Omega' \cdot (|\lambda|(N + \varepsilon)) + \varepsilon |\lambda| N \Omega''(|\lambda| \cdot (N + \varepsilon)).$$

Sind daher φ und φ^* die Lösungen der Gleichungen

$$\begin{cases} \varphi(s) = \lambda \int\limits_0^1 K(s,t)\,\varphi(t)\,dt + f(s) \\[3mm] \varphi^*(s) = \lambda \int\limits_0^1 K^*(s,t)\,\varphi^*(t)\,dt + f^*(s), \end{cases} \qquad (9)$$

so gilt jetzt

$$\begin{aligned} |\varphi(s) - \varphi^*(s)| \le\; & |f(s) - f^*(s)| \\[2mm] & + |\lambda| \int\limits_0^1 |\Gamma(s,t;\lambda) - \Gamma^*(s,t;\lambda)| \cdot |f^*(t)|\,dt \qquad (10) \\[2mm] & + |\lambda| \int\limits_0^1 |\Gamma(s,t;\lambda)| \cdot |f(t) - f^*(t)|\,dt. \end{aligned}$$

Hierin hat man die Abschätzung (8) einzutragen.

Die Funktion $\Omega(x)$ ist von Tricomi berechnet und untersucht worden. Er findet die Abschätzung

$$\Omega(x) < (1 + x)\, e^{\frac{e\,x^2}{2}}, \quad x \ge 0.$$

Die folgende Tabelle ist seiner Arbeit entnommen.

Tabelle für $\Omega(x)$.

x	Ω	x	Ω	x	Ω	x	Ω
0,00	1,0000	0,25	1,3292	0,50	1,9210	0,75	3,0934
0,05	1,0525	0,30	1,4202	0,55	2,0932	0.80	3,4546
0,10	1,1109	0,35	1,5228	0,60	2,2912	0,85	3,8793
0,15	1,1758	0,40	1,6389	0,65	2,5198	0,90	4,3808
0,20	1,2482	0,45	1,7707	0,70	2,7848	0,95	4,9760
						1,00	5,6864

Man kann die Tricomischen Abschätzungen ohne weiteres auch auf die Ableitung $D'(\lambda)$ der Fredholmschen Determinante ausdehnen. Es ist

$$D'(\lambda) = \sum_{n=1}^{\infty} D_n \frac{(-1)^n}{(n-1)!}\,\lambda^{n-1},$$

und somit darf geschrieben werden

$$|\lambda| \cdot |D'(\lambda) - D^{*\prime}(\lambda)| \le x \cdot \Omega'(x)\Big|_{|\lambda| \cdot N}^{|\lambda| \cdot (N + \varepsilon)}. \qquad (11)$$

Bei numerischen Rechnungen werden oft D^* und $D^{*\prime}$ bekannt sein. Es ist dann möglich, aus den Nullstellen von D^* und den Abschätzungen (6) und (11) auf die Lage von Nullstellen von $D(\lambda)$ zu schließen.

Die Abschätzungen mittels der Funktion $\Omega(x)$ sind verhältnismäßig grob. Sie dürften weit über die Größenordnung der wahren Fehler hinausgehen. Für gewisse Konvergenzbetrachtungen sind sie aber recht nützlich, und wir werden daher noch auf sie zurückkommen.

§ 25. Abschätzungen für die Änderungen, die die Eigenwerte Hermitescher Kerne erfahren.

Es sei $K(s, t) = K^*(s, t) + K'(s, t)$ die Zerlegung eines Hermiteschen Kerns K in zwei andere Hermitesche Kerne. Wir werden die zu den Kernen K^* und K' gehörigen Größen durch einen Stern bzw. einen Strich kennzeichnen.

Mit Bezug auf die in II, § 8 eingeführten Funktionale F_+ und F_- darf geschrieben werden

$$F_+(v_1, \ldots, v_r) \leq F_+^*(v_1, \ldots, v_r) + F_+'(v_1, \ldots, v_r)$$
$$F_-(v_1, \ldots, v_r) \leq F_-^*(v_1, \ldots, v_r) + F_-'(v_1, \ldots, v_r).$$

Für $n > 0$, $m > 0$, $r = n + m$, $v_i = y_i^*$ für $i \leq n$ und $v_k = \overline{y_k'}$ für $k > n$ folgt aus der ersten der Ungleichungen

$$\varkappa_{n+m+1} \leq \varkappa_{n+1}^* + \varkappa_{m+1}' \tag{1}$$

für die gemäß II, § 8 geordneten positiven reziproken Eigenwerte. Die Ungleichung (1) gilt aber nicht nur für $m > 0$, $n > 0$, sondern auch für $m \geq 0$ und $n \geq 0$. Ferner ist jeder der darin vorkommenden reziproken Eigenwerte durch Null zu ersetzen, falls zu seinem Index kein Eigenwert existiert. Analog zu (1) gilt

$$-\varkappa_{-n-m-1} \leq -\varkappa_{-n-1}^* - \varkappa_{-m-1}'. \tag{1'}$$

Für $m = 0$ gehen (1) und (1') über in

$$\varkappa_{n+1} \leq \varkappa_{n+1}^* + \varkappa_1' \tag{2}$$
$$-\varkappa_{-n-1} \leq -\varkappa_{-n-1}^* - \varkappa_{-1}'. \tag{2'}$$

In Verbindung mit (I, § 7, 1) und gegebenenfalls mit einer Vertauschung von K und K^* ergibt dies

$$|\varkappa_n - \varkappa_n^*| \leq \mathrm{Max}\,(\varkappa_1', -\varkappa_1') \leq \left(\int\limits_0^1 \int\limits_0^1 |K'(s, t)|^2 \, ds \, dt\right)^{\frac{1}{2}}; \tag{3}$$

hierbei darf n alle ganzzahligen und von Null verschiedenen Werte annehmen. Bei bekanntem $\varkappa_n^*$ hat (3) den Charakter eines Einschließungssatzes.

Eine weitere Spezialisierung entsteht aus (1) und (1'), wenn $K'(s, t)$ nicht mehr als m Eigenwerte besitzt. Dann ist

$$\varkappa_{n+m} \leq \varkappa_n^*; \quad \varkappa_{n+m}^* \leq \varkappa_n; \qquad n = 1, 2, \ldots \tag{4}$$
$$-\varkappa_{-n-m} \leq -\varkappa_{-n}^*; \quad -\varkappa_{-n-m}^* \leq -\varkappa_{-n}. \tag{4'}$$

In vielen Fällen bestehen Ungleichungen von der Form

$$\varkappa_n^* \leq \varkappa_n; \quad n > 0, \tag{5}$$
$$-\varkappa_{-n}^* \leq -\varkappa_{-n}; \quad n > 0. \tag{5'}$$

Z. B. gilt (5), wenn $K'(s, t)$ positiv definit ist, und (5'), wenn K' negativ definit ist. Mit Bezug auf die in I, § 4 eingeführten Ausdrücke

$$J(u) = \int\limits_0^1\int\limits_0^1 K(s, t)\,\bar{u}(s)\,u(t)\,ds\,dt, \qquad J^*(u) = \int\limits_0^1\int\limits_0^1 K^*(s, t)\,\bar{u}(s)\,u(t)\,ds\,dt$$

ist nämlich $J^*(u) \leq J(u)$ für einen positiv definiten Kern $K'(s, t)$, woraus (5) unmittelbar folgt.

Eine sehr allgemeine Klasse von Fällen, in denen (5) und (5') gelten, soll im folgenden beschrieben werden. Es sei $\mathfrak{M}$ die Menge aller zulässigen Funktionen und $\mathfrak{M}^*$ eine echte Teilmenge davon, welche wenigstens ein Element $u \not\equiv 0$ enthält und durch Multiplikation ihrer Funktionen mit jedem konstanten, von Null verschiedenen Faktor in sich übergeht. Es sei eine Abbildung von $\mathfrak{M}$ auf $\mathfrak{M}^*$ definiert, so daß also jede Funktion f aus $\mathfrak{M}$ in eine Funktion f^* aus $\mathfrak{M}^*$ übergeht. Es sei

$$J^*(u) = J(u) \qquad \text{für } u \subset \mathfrak{M}^* \tag{6}$$

$$J^*(u) = J^*(u^*) \qquad \text{für } u \subset \mathfrak{M} \tag{7}$$

$$(u, v) = (u, v^*) \qquad \text{für } u \subset \mathfrak{M}^* \text{ und } v \subset \mathfrak{M} \tag{8}$$

$$(u, \bar{u}) \geq (u^*, \overline{u^*}) \qquad \text{für } u \subset \mathfrak{M}. \tag{9}$$

Hieraus folgt zunächst unter der Bedingung $(u, \bar{u}) = 1$

$$\varkappa_1^* = \text{o. G. } J^*(u) = \text{o. G. } J^*(u) = \text{o. G. } J(u) \leq \text{o. G. } J(u) = \varkappa_1,$$
$$\quad\; u \subset \mathfrak{M} \qquad\;\; u \subset \mathfrak{M}^* \qquad\;\; u \subset \mathfrak{M}^* \qquad\qquad u \subset \mathfrak{M}$$

womit (5) für $n = 1$ bewiesen ist. Mit Bezug auf gegebene Funktionen $v_1, v_2, \ldots, v_{n-1}$ aus $\mathfrak{M}$ gilt für $(u, \bar{u}) = 1$, $(u, v_i^*) = 0$

$$\varkappa_n^* \leq \text{o. G. } J^*(u) = \text{o. G. } J^*(u) = \text{o. G. } J(u) = A$$
$$\quad\; u \subset \mathfrak{M} \qquad\qquad u \subset \mathfrak{M}^* \qquad\qquad u \subset \mathfrak{M}^*$$

und ferner für $(u, \bar{u}) = 1$, $(u, v_i) = 0$

$$A = \text{o. G. } J(u) \leq F_+(v_1, v_2, \ldots, v_{n-1}).$$
$$\quad u \subset \mathfrak{M}^*$$

Hieraus folgt (5). In gleicher Weise ist (5') beweisbar.

Um ein einfaches Beispiel zu konstruieren, definieren wir $\mathfrak{M}^*$ als die Menge aller zulässigen Funktionen, die in einem Intervall $0 < \alpha \leq s \leq \beta < 1$ verschwinden. Sei $g(s)$ aus $\mathfrak{M}^*$, und sei ferner $g(s) = 1$ für $s < \alpha$ und $s > \beta$. Wir setzen dann $K^*(s, t) = K(s, t)\,g(s)\,g(t)$ und definieren eine Abbildung von $\mathfrak{M}$ auf $\mathfrak{M}^*$ durch $f^* = f \cdot g$; die Bedingungen (6) — (9) sind dann erfüllt; somit gelten die Ungleichungen (5) und (5').

Die bisher erwähnten speziellen Beispiele gehen auf H. Weyl zurück. Die damit zusammenhängende Literatur ist in [30], S. 1527—1530 zusammengestellt. Ein weiteres Beispiel wird sich in § 35 darbieten.

15. Beispiel:

$$K(s, t) = \mathrm{Min}\,(s, t); \quad K^*(s, t) = \sqrt{s\,t} - \frac{1}{8}\,;$$

$K'(s, t) = K(s, t) - K^*(s, t)$. Die Fredholmsche Determinante zu $K^*(s, t)$ ist $D^*(\lambda) = 1 - \dfrac{3\,\lambda}{8} - \dfrac{\lambda^2}{144}$. Zu $K^*(s, t)$ gehören zwei Eigenwerte, von denen einer positiv und einer negativ ist. Es ist $\lambda_1^* \approx 2{,}547$, $\varkappa_1^* \approx 0{,}3927$. Es ergibt sich ferner

$$\left(\int\limits_0^1\!\!\int\limits_0^1 K'^2(s, t)\, ds\, dt\right)^{\frac{1}{2}} = \frac{\sqrt{65}}{120} \approx 0{,}0672\,.$$

Aus (3) folgt

$$2{,}174 \leq \lambda_1 \leq 3{,}072; \quad 14{,}89 \leq \lambda_2.$$

Nach dem 1. Beispiel ist $\lambda_1 \approx 2{,}4674$; $\lambda_2 \approx 22{,}2066$. Wichtig sind vor allem die unteren Schranken für die Eigenwerte. Die Annäherung von λ_1^* an λ_1 ist befriedigend.

§ 26. Abschätzung der Änderung von Eigenfunktionen.

Es sollen jetzt noch Relationen aufgestellt werden, die sich auf beliebige Kerne $K(s, t)$ und $K^*(s, t)$ erstrecken und es ermöglichen, die Änderung der Eigenfunktionen beim Übergang von einem Kern zum anderen abzuschätzen. Wir bedienen uns hierzu der Operatorschreibweise. Sei λ^* ein Eigenwert von $\mathfrak{K}^*$. Wir zerlegen $\mathfrak{K}^*$ in zwei Integraloperatoren $\mathfrak{K}^* = \mathfrak{A}^* + \mathfrak{B}^*$, wie dies (I, § 3, 7) mit Bezug auf λ^* entspricht. Ferner sei $\mathfrak{B}^*(\lambda)$ der Integraloperator, welcher dem zu $\mathfrak{B}^*$ gehörigen reziproken Kern entspricht.

Dies vorausgeschickt, sei λ ein Eigenwert von $\mathfrak{K}$ und y eine zugehörige Eigenfunktion, so daß also $y = \lambda\,\mathfrak{K}\,y$ ist. Wir führen jetzt die Abkürzungen

$$\mathfrak{D} = \mathfrak{K} - \mathfrak{K}^*, \quad y^* = \lambda\,\mathfrak{A}^*\,y \quad \text{und} \quad \varDelta = y - y^*$$

ein. Es ist dann — falls λ kein Eigenwert von $\mathfrak{B}^*$ ist —

$$y = \lambda\,\mathfrak{K}^*\,y + \lambda\,\mathfrak{D}\,y \quad \text{oder} \quad y - \lambda\,\mathfrak{B}^*\,y = \lambda\,\mathfrak{A}^*\,y + \lambda\,\mathfrak{D}\,y \qquad (1)$$

$$\varDelta = \lambda\,\mathfrak{D}\,y + \lambda^2\,\mathfrak{B}^*(\lambda)\,\mathfrak{D}\,y. \qquad (2)$$

In den praktisch vorkommenden Fällen wird y^* als Eigenfunktion zu λ^* und $\mathfrak{K}^*$ angesehen werden können. Gewiß trifft dies zu, wenn λ^* von einfacher Nullstellenordnung oder $\mathfrak{K}^*$ ein normaler Integraloperator ist. Sehen wir y^* als Eigenfunktion zu λ^* und $\mathfrak{K}^*$ an, so enthält (2) eine Darstellung für die Differenz $\varDelta = y - y^*$, die von zwei Eigenfunktionen gebildet wird, von denen die eine zu $\mathfrak{K}$ gehört und die andere eine Eigenfunktion von $\mathfrak{K}^*$ ist und zugleich noch von y abhängt. — Es sei $u(s)$ eine bis auf die Bedingung $(u, u) = 1$ willkürlich vorgegebene

Funktion. Mit ihrer Hilfe bilden wir den Kern $K^*(s, t) = C\,u(s)\,\bar{u}(t)$ mit einer gewissen Konstanten C, die so bestimmt sei, daß das Integral

$$D^2 = \int_0^1 \int_0^1 |K(s, t) - Cu(s)\,\bar{u}(t)|^2 \, ds \, dt$$

zum Minimum wird. Es ist dann

$$C = \int_0^1 \int_0^1 K(s, t)\,\bar{u}\,(s)\,u\,(t)\,ds\,dt \qquad\qquad \text{und} \tag{3}$$

$$D^2 = \int_0^1 \int_0^1 |K(s, t) - K^*(s, t)|^2 \, ds \, dt = \int_0^1 \int_0^1 |K(s, t)|^2 \, ds \, dt - C\,\bar{C}. \tag{4}$$

Die Gleichung (2) läßt sich in der speziellen Form

$$\Delta = \lambda(\mathfrak{K} - \mathfrak{K}^*)\,\Delta + \lambda(\mathfrak{K} - \mathfrak{K}^*)\,y^* \tag{2'}$$

wiedergeben. Hierbei gilt $\Delta = y - y^*$ und $y^* = \lambda\,C\,u(s)\,(u, y)$. Es sei jetzt $(y, y) = 1$ vorausgesetzt und eine obere Schranke Λ für $|\lambda|$ bekannt. Dann folgt aus (2') die Abschätzung

$$|\Delta| \leq \Lambda |(\mathfrak{K} - \mathfrak{K}^*)\,\Delta| + \Lambda^2 |C| \cdot |(\mathfrak{K} - \mathfrak{K}^*)\,u|. \tag{5}$$

Hieraus kann man zunächst eine Abschätzung für (Δ, Δ) ableiten. Man multipliziere (5) mit $|\Delta|$, integriere über die noch freie Variable und wende auf die rechts entstehenden Integrale die Schwarzsche Ungleichung an. Man findet

$$(\Delta, \bar{\Delta}) \leq \Lambda\,D\,(\Delta, \bar{\Delta}) + \Lambda^2 |C|\,(\Delta, \bar{\Delta})^{\frac{1}{2}}\,(w, \bar{w})^{\frac{1}{2}}\,;\; w = (\mathfrak{K} - \mathfrak{K}^*)\,u \tag{6}$$

mit $D > 0$ nach (4). Gilt hierbei $\Lambda D < 1$, so folgt weiter

$$(\Delta, \bar{\Delta})^{\frac{1}{2}} \leq \frac{\Lambda^2 |C| \cdot (w, \bar{w})^{\frac{1}{2}}}{1 - \Lambda D}. \tag{7}$$

Aus (7) und (5) folgt schließlich für $\Delta = \Delta(s)$

$$|\Delta(s)| \leq \frac{\Lambda^3 |C| \cdot (w, \bar{w})^{\frac{1}{2}}}{1 - \Lambda D} \left\{ \int_0^1 |K(s, t) - K^*(s, t)|^2 \, dt \right\}^{\frac{1}{2}} + \Lambda^2 |C| \cdot |w(s)| \tag{8}$$

Im Falle, daß $K(s, t)$ *Hermitesch* und λ der Eigenwert kleinsten Betrages ist, folgt aus dem 1. Einschließungssatz (II, § 8), daß (1/C = λ^* gesetzt) die Ungleichung $|\lambda| \leq |\lambda^*|$ besteht. Also darf dann $\Lambda = |\lambda^*|$ gesetzt werden. Übrigens ist λ^* der einzige Eigenwert von $K^*(s, t)$. Hierfür ein numerisches Beispiel.

16. Beispiel:

$K(s, t) = \text{Min}\,(s, t)\,(1 - \text{Max}\,(s, t))$. (Vgl. das 4. Beispiel in II, § 8). Wir setzen $v(s) = s(1 - s)$ und $u(s) = \sqrt{30}\,v(s)$. Es sei λ der Eigenwert kleinsten Betrages. Dann ist $\lambda^* = 168/17$; wir setzen $\Lambda = \lambda^*$. Die Rechnungen ergeben im einzelnen

$$\lambda^{*2} D^2 = \frac{123}{1445}\,; \quad \lambda^* D \approx 0{,}292\,; \quad \lambda^* w = \left[\frac{\lambda^*}{12}\cdot v^2 - v\left(1 - \frac{\lambda^*}{12}\right)\right]\cdot \sqrt{30}\,;$$

$$|\lambda^* w| \leq \frac{9\cdot\sqrt{30}}{17\cdot 56} \approx 0{,}052\,; \quad \lambda^*(w, w)^{\frac{1}{2}} = \frac{\sqrt{3}}{51} \approx 0{,}034\,;$$

$$(\varDelta, \bar{\varDelta})^{\frac{1}{2}} \leq 0{,}048 \quad (\text{gemäß } (7))\,; \quad \lambda^*\left\{\int\limits_0^1 |K(s, t) - K^*(s, t)|^2\, dt\right\}^{\frac{1}{2}} \approx 0{,}367\,;$$

$$|\varDelta(s)| \leq 0{,}070 \text{ gemäß } (8).$$

Damit wird die Größenordnung des Fehlers getroffen; denn es ist $\varDelta\left(\frac{1}{2}\right) \approx 0{,}048$. Übrigens ist $\lambda^* - \lambda \approx 0{,}012$.

§ 27. Konvergenzsätze.

Es sei $K_n(s, t)$ eine mit wachsendem n gleichmäßig gegen $K(s, t)$ konvergierende Folge von Ersatzkernen. Ferner sei $f_n(s)$ eine gleichmäßig mit wachsendem n gegen $f(s)$ konvergierende Folge. Die Abschätzungen (§ 24, 6) und (§ 24, 11) haben zur Folge, daß die Fredholmschen Determinanten $D^{(n)}(\lambda)$ und ihre Ableitungen $D^{(n)\prime}(\lambda)$ der Kerne $K_n(s, t)$ in jedem endlichen Bereich der komplexen λ-Ebene gleichmäßig mit wachsendem n gegen $D(\lambda)$ und $D'(\lambda)$ konvergieren. Es sind also die Voraussetzungen (II, § 6, 2) erfüllt, und daher gelten die in § 6 daraus gezogenen Folgerungen. Das bedeutet: Die Eigenwerte von $K_n(s, t)$ können sich nur gegen die Eigenwerte von $K(s, t)$ häufen.

Aus den Formeln (§ 24, 8) und (§ 24, 8') ergibt sich für die reziproken Kerne $\varGamma_n(s, t; \lambda)$ die Relation

$$\lim_{n\to\infty} \varGamma_n(s, t; \lambda) = \varGamma(s, t; \lambda), \tag{1}$$

falls λ kein Eigenwert ist. Die Konvergenz erfolgt gleichmäßig in s und t in jedem abgeschlossenen beschränkten Bereich der komplexen λ-Ebene, der keine Eigenwerte von $K(s, t)$ enthält. Eine unmittelbare Folge aus (1) und den eingangs gemachten Voraussetzungen ist die Relation

$$\lim_{n\to\infty} y_n(s) = y(s) \tag{2}$$

im Sinne gleichmäßiger Konvergenz, wobei y_n und y die Lösungen der Gleichungen $y_n = \lambda \,\mathfrak{K}_n\, y_n + f_n$ und $y = \lambda \,\mathfrak{K}\, y + f$ sind und λ kein Eigenwert von $\mathfrak{K}$ sein soll. Dabei gehört $\mathfrak{K}_n$ zu $K_n(s, t)$.

Ist λ_k ein Eigenwert von $K(s, t)$, so sei $K(s, t) = A(s, t) + B(s, t)$ die auf λ_k bezogene *kanonische* Zerlegung von $K(s, t)$. Es sei $\mathfrak{C}$ ein den Wert λ_k derart umschließender Kreis, daß λ_k der einzige innerhalb $\mathfrak{C}$ liegende Eigenwert von $K(s, t)$ ist und kein Eigenwert auf $\mathfrak{C}$ liegt. Für hinreichend große n werden die Ordnungen sämtlicher in $\mathfrak{C}$ liegenden

Nullstellen von $D^{(n)}(\lambda)$ zusammengenommen gleich der Ordnung von λ_k als Nullstelle von $D(\lambda)$ in $\mathfrak{C}$ sein. Nach den Formeln (I, § 3, 4) und (I, § 3, 5) ist für einen den Wert $\lambda = 0$ ausschließenden Kreis

$$A(s, t) = \frac{1}{2\pi i} \oint_{\mathfrak{C}} \frac{\Gamma(s, t; \lambda)}{-\lambda} \, d\lambda. \tag{3}$$

Ersetzt man hierin Γ durch Γ_n, so geht $A(s, t)$ in eine Funktion $A_n(s, t)$ über. Wir setzen $K_n(s, t) = A_n(s, t) + B_n(s, t)$ für hinreichend große Werte von n. $A_n(s, t)$ faßt alle kanonischen Kerne zusammen, die zu den innerhalb $\mathfrak{C}$ gelegenen Nullstellen von $D^{(n)}(\lambda)$ gehören; daher sind A_n und B_n orthogonale Kerne; B_n besitzt genau alle außerhalb von $\mathfrak{C}$ gelegenen Eigenwerte von $K_n(s, t)$ zu Eigenwerten. Unmittelbar aus der Integraldarstellung (3) folgt

$$\lim_{n \to \infty} A_n(s, t) = A(s, t)$$

$$\lim_{n \to \infty} B_n(s, t) = B(s, t)$$

im Sinne gleichmäßiger Konvergenz in s und t. Hieraus folgt weiterhin

$$\lim_{n \to \infty} B_n(s, t; \lambda) = B(s, t; \lambda)$$

innerhalb jedes abgeschlossenen beschränkten λ-Bereiches, der keinen Eigenwert von $B(s, t)$ enthält. Insbesondere gilt dies für den von $\mathfrak{C}$ eingeschlossenen Kreisbereich. Es sei $y_k(s)$ eine zu λ_k gehörige Eigenfunktion von $K(s, t)$. Indem $\mathfrak{K}^*$ durch $\mathfrak{K}_n$ in den Formeln (§ 26, 1) und (§ 26, 2) ersetzt wird, ergibt sich mit Bezug auf

$$\eta_n(s) = \lambda_k \int_0^1 A_n(s, t)\, y_k(t)\, dt \tag{4}$$

und

$$R_n(s) = \lambda_k \int_0^1 (K(s, t) - K_n(s, t))\, y_k(t)\, dt \tag{5}$$

die Darstellung

$$y_k(s) - \eta_n(s) = R_n(s) + \lambda_k \int_0^1 B_n(s, t; \lambda_k)\, R_n(t)\, dt. \tag{6}$$

Hieraus folgt aber

$$\lim_{n \to \infty} (y_k(s) - \eta_n(s)) = 0 \tag{7}$$

im Sinne gleichmäßiger Konvergenz. Ist nun λ_k eine einfache Nullstelle von $D(\lambda)$, so muß $\eta_n(s)$ eine Eigenfunktion von $K_n(s, t)$ sein, wenn nur n groß genug ist. Ist aber λ_k eine mehrfache Nullstelle von $D(\lambda)$, so stellt $\eta_n(s)$ gewiß eine Linearverbindung von Eigenfunktionen von $K_n(s, t)$ dar, falls K_n ein normaler Kern ist. Diese Eigenfunktionen von

$K_n(s, t)$ gehören zu den innerhalb von $\mathfrak{C}$ gelegenen Eigenwerten von $K_n(s, t)$. Sind also die Kerne K_n normal oder ist λ_k eine einfache Nullstelle von $D(\lambda)$, so läßt sich y_k gleichmäßig durch Linearverbindungen von Eigenfunktionen der $K_n(s, t)$ approximieren, die zu den innerhalb von $\mathfrak{C}$ gelegenen Eigenwerten von $K_n(s, t)$ gehören.

Es sei jetzt umgekehrt eine Folge von Eigenfunktionen

$$y^{(n)}(s) = \lambda^{(n)} \int\limits_0^1 K_n(s, t)\, y^{(n)}(t)\, dt,$$

normiert durch $(y^{(n)}, \bar{y}^{(n)}) = 1$ gegeben, wobei $\lim\limits_{n \to \infty} \lambda^{(n)} = \lambda_k$ sei. Indem wir in (4) bis (6) die Rollen der Kerne K und K_n miteinander vertauschen, also

$$\tilde{\eta}_n(s) = \lambda^{(n)} \int\limits_0^1 A(s, t)\, y^{(n)}(t)\, dt \tag{4'}$$

$$\tilde{R}_n(s) = \lambda^{(n)} \int\limits_0^1 (K_n(s, t) - K(s, t))\, y^{(n)}(t)\, dt \tag{5'}$$

und

$$y^{(n)} - \tilde{\eta}_n(s) = \tilde{R}_n(s) + \lambda^{(n)} \int\limits_0^1 B(s, t; \lambda^{(n)})\, \tilde{R}_n(t)\, dt \tag{6'}$$

schreiben, erkennen wir, daß

$$\lim\limits_{n \to \infty} (y^{(n)} - \tilde{\eta}_n(s)) = 0 \tag{7'}$$

im Sinne gleichmäßiger Konvergenz sein muß. Nun folgt aus (I, § 3, 8)

$$\tilde{\eta}_n(s) = \sum_{i=1}^{\varrho} \varphi_i(s)\, c_i^{(n)},$$

wobei die Koeffizienten $|c_i^{(n)}|$ unterhalb einer von n und i unabhängigen Schranke liegen. Daher lassen sich aus der Folge $\tilde{\eta}^{(n)}$ gleichmäßig konvergente Teilfolgen

$$\lim\limits_{n' \to \infty} \tilde{\eta}^{(n')}(s) = \sum_{i=1}^{\varrho} c_i\, \varphi_i(s) = y(s)$$

aussondern. Das gleiche gilt wegen (7') für die Folge $y^{(n)}$. Es ist

$$\lim\limits_{n' \to \infty} y^{(n')}(s) = y(s) \tag{8}$$

und daher $y(s)$ eine zu λ_k gehörige Eigenfunktion von $K(s, t)$. Sie kann wegen der oben vorausgesetzten Normierung der $y^{(n)}(s)$ nicht identisch verschwinden.

Die vorstehenden Ergebnisse sind insbesondere für reelle symmetrische Kerne seit langem bekannt. Von R. Courant ([18], S. 128), dem man die

Konvergenzsätze für reelle symmetrische Kerne verdankt, rührt der folgende Satz:

Es sei $\lambda_k = \lim_{n \to \infty} \lambda_k^{(n)} = \lim_{n \to \infty} \lambda_{k+1}^{(n)} = \cdots = \lim_{n \to \infty} \lambda_{k+r-1}^{(n)}$, *dagegen gelte diese Relation nicht für* $\lambda_{k-1}^{(n)}$ *und* $\lambda_{k+r}^{(n)}$. *Dann konvergiert mit wachsendem* n *die lineare Schar aus den Eigenfunktionen* $y_k^{(n)}, \ldots, y_{k+r-1}^{(n)}$ *gleichmäßig gegen die lineare Schar der Eigenfunktionen von* $K(s, t)$ *für den Eigenwert* λ_k.

In diesem Satz sind die Eigenfunktionen $y_k^{(n)}, \ldots, y_{k+r-1}^{(n)}$ als linear unabhängig und die Eigenwerte als nach (II, § 6, 1) geordnet anzusehen.

§ 28. Analytische Störungsrechnung für Hermitesche Kerne. Existenzsätze.

Die Konvergenzsätze des § 27 lassen sich ohne Schwierigkeit auf den Fall ausdehnen, daß der Kern von einem Parameter ε stetig abhängt, daß also $K = K(s, t; \varepsilon)$ und $\mathfrak{K} = \mathfrak{K}(\varepsilon)$ zu schreiben ist. Falls K etwa für ein reelles Intervall $\varrho_1 < \varepsilon < \varrho_2$ definiert ist, so ergeben sich für den Grenzübergang $\varepsilon \to \varepsilon_0$ mit $\varrho_1 < \varepsilon_0 < \varrho_2$ die analogen Sätze. Ist $K(s, t; \varepsilon)$ eine analytische Funktion von ε, so wird man eine analytische Abhängigkeit der Eigenwerte und Eigenfunktionen von ε erwarten. Im Rahmen einer allgemeinen Untersuchung über die Störungstheorie der Spektralzerlegung eines linearen Operators im Hilbertschen Raum hat F. Rellich [56] Sätze über Hermitesche Integraloperatoren gefunden, die jene Erwartungen bestätigen und die im folgenden ohne Beweis wiedergegeben seien. Dabei ist ε als reelle Veränderliche anzusehen, falls nicht ausdrücklich etwas anderes gesagt wird.

1. Satz:

Es sei $K(s, t; \varepsilon)$ in einer festen Umgebung von $\varepsilon = 0$ eine gleichmäßig für alle s, t mit $0 \leq s, t \leq 1$ konvergente Potenzreihe

$$K(s, t; \varepsilon) = \sum_{\nu = 0}^{\infty} \varepsilon^\nu K_\nu(s, t)$$

mit in $0 \leq s, t \leq 1$ stetigen Koeffizienten $K_\nu(s, t)$; ferner sei $K(s, t; \varepsilon) = K(t, s; \varepsilon)$. Die Integralgleichung

$$y = \lambda \, \mathfrak{K}(0) \, y \tag{1}$$

habe den h-fachen Eigenwert $\lambda = \lambda_0$. Dann gilt:

a) In einer Umgebung von $\varepsilon = 0$ gibt es Funktionen $y_1(s, \varepsilon), y_2(s, \varepsilon), \ldots, y_h(s, \varepsilon)$ und Zahlen $\lambda_1(\varepsilon), \lambda_2(\varepsilon), \ldots, \lambda_h(\varepsilon)$, für die

$$y_i(\varepsilon) = \lambda_i(\varepsilon) \, \mathfrak{K}(\varepsilon) \, y_i(\varepsilon) \,^1) \tag{2}$$

$$\left(y_i(\varepsilon), \overline{y_k(\varepsilon)} \right) = \delta_{ik} = \begin{array}{l} 1 \quad \text{für} \quad i = k \\ 0 \quad \text{für} \quad i \neq k \end{array}$$

und

$$\lambda_i(0) = \lambda_0; \quad i, k = 1, 2, \ldots, h$$

$^1)$ In der Operatorschreibweise setzen wir $y_i(\varepsilon)$ für $y_i(s, \varepsilon)$.

ist. Jede Funktion $y_i(s, \varepsilon)$ ist in einer festen Umgebung von $\varepsilon = 0$ eine gleichmäßig für das ganze Intervall $0 \leq s \leq 1$ konvergente Potenzreihe von ε, deren Koeffizienten stetige Funktionen von s sind. Die $\lambda_i(\varepsilon)$ sind in einer Umgebung von $\varepsilon = 0$ reguläre Potenzreihen von ε.

b) Die Integralgleichung (2) hat für hinreichend kleines ε in der Umgebung von $\lambda = \lambda_0$ nur die Eigenwerte $\lambda_1(\varepsilon)$, $\lambda_2(\varepsilon)$, ..., $\lambda_h(\varepsilon)$[1].

Für einfache Eigenwerte der ungestörten Gleichung (1) wurde der Rellichsche Satz bereits von L. Lichtenstein [42] abgeleitet.

Für einen von mehreren reellen Störungsparametern abhängigen Kern gilt der

2. Satz:

Es sei $K(s, t; \varepsilon_1, \varepsilon_2, ..., \varepsilon_m)$ mit dem Integraloperator $\Re(\varepsilon_1, \varepsilon_2, ..., \varepsilon_m)$ in einer festen Umgebung von $\varepsilon_1 = \cdots = \varepsilon_m = 0$ eine gleichmäßig für alle s, t mit $0 \leq s, t \leq 1$ konvergente Potenzreihe von $\varepsilon_1, \varepsilon_2, ..., \varepsilon_m$ mit für $0 \leq s, t \leq 1$ stetigen Koeffizienten, ferner sei $K(s, t; \varepsilon_1, \varepsilon_2, ..., \varepsilon_m) = \overline{K(t, s; \varepsilon_1, \varepsilon_2, ..., \varepsilon_m)}$. Die Integralgleichung

$$y = \lambda \, \Re(0, 0, ..., 0) \, y \tag{3}$$

habe den einfachen Eigenwert $\lambda = \lambda_0$.
Dann gilt

a) In einer festen Umgebung von $\varepsilon_1, \varepsilon_2, ..., \varepsilon_m = 0$ gibt es eine gleichmäßig für alle s mit $0 \leq s \leq 1$ konvergente Potenzreihe $y(s; \varepsilon_1, \varepsilon_2, ..., \varepsilon_m)$ und eine reguläre Potenzreihe $\lambda(\varepsilon_1, \varepsilon_2, ..., \varepsilon_m)$, mit denen

$$y(\varepsilon_1, \varepsilon_2, ..., \varepsilon_m) = \lambda(\varepsilon_1, \varepsilon_2, ..., \varepsilon_m) \, \Re(\varepsilon_1, \varepsilon_2, ..., \varepsilon_m) \, y(\varepsilon_1, \varepsilon_2, ..., \varepsilon_m) \tag{4}$$

und

$$\left(y(\varepsilon_1, \varepsilon_2, ... \varepsilon_m), \, \overline{y(\varepsilon_1, \varepsilon_2, ... \varepsilon_m)} \right) = 1$$

ist.

b) Die Integralgleichung (4) hat für hinreichend kleine $|\varepsilon_i|$ in der Umgebung von $\lambda = \lambda_0$ nur den Eigenwert $\lambda(\varepsilon_1, \varepsilon_2, ..., \varepsilon_m)$[2].

Wie Rellich bemerkt, kann man den 2. Satz nicht auf mehrfache Eigenwerte $\lambda = \lambda_0$ der ungestörten Gleichung im Sinne des 1. Satzes ausdehnen.

Zum 1. Satz ist noch zu bemerken:

Es seien λ_1, λ_2, ... die nach Größe und Vielfachheit geordneten Eigenwerte des ungestörten Kerns $K(s, t; 0)$. Dann gibt es Potenzreihen $\lambda_1(\varepsilon)$, $\lambda_2(\varepsilon)$, ... von ε, deren jede in einer gewissen Umgebung von $\varepsilon = 0$ regulär ist. Ferner ist $\lambda_n(0) = \lambda_n$. Die Potenzreihen $\lambda_n(\varepsilon)$ müssen keineswegs für ein gemeinsames Intervall $-\varrho < \varepsilon < \varrho$ konvergieren. Der Konvergenzradius von $\lambda_n(\varepsilon)$ kann mit $n \to \infty$ gegen Null abnehmen. Es sei jedoch möglich, daß man alle $\lambda_n(\varepsilon)$ durch analytische Fortsetzung längs reeller Wege für ein gemeinsames Intervall $-\varrho < \varepsilon < \varrho$ erklären kann. Dann erhebt sich die Frage, ob die $\lambda_n(\varepsilon)$ sämtliche Eigenwerte des gestörten

---

[1]) Vgl. auch E. H ö l d e r [32].
[2]) Der 1. und 2. Satz werden von R e l l i c h auf die reziproken Eigenwerte bezogen.

Kerns für $-\varrho < \varepsilon < \varrho$ darstellen, und die analoge Frage ist für die Eigenfunktionen zu stellen.

An einfachen Beispielen zeigt Rellich, daß die Frage verneint werden muß. Es sei

$$K(s, t; \varepsilon) = \mathrm{Min}\,(s, t) - \frac{s\,t}{1 + \varepsilon}; \quad |\varepsilon| < 1. \tag{5}$$

Dieser Kern erfüllt die Voraussetzungen des 1. Satzes. Die Eigenwerte bestimmen sich aus der Gleichung $\mathrm{tg}\sqrt{\lambda} = -\varepsilon\sqrt{\lambda}$. Zu ihren Lösungen gehören Potenzreihen $\lambda_n(\varepsilon)$, die für eine Umgebung von $\varepsilon = 0$ regulär sind und für die $\lambda_n(0) = n^2\,\pi^2$ ist. Die Zahlen $\lambda_n(0)$ bilden die sämtlichen Eigenwerte des ungestörten Kerns. Die Reihen $\lambda_n(\varepsilon)$ lassen sich regulär analytisch längs der ganzen reellen ε-Achse fortsetzen. Dabei gilt $(n - \frac{1}{2})^2\,\pi^2 < \lambda_n(\varepsilon)$ $< (n + \frac{1}{2})\,\pi^2$. Für $\varepsilon \geq 0$ liefern die $\lambda_n(\varepsilon)$ sämtliche Eigenwerte des gestörten Kerns. Für $\varepsilon < 0$ tritt jedoch noch ein negativer Eigenwert $\lambda^*(\varepsilon)$ als Lösung der Gleichung

$$\mathfrak{Tg}\sqrt{-\lambda} = -\varepsilon\sqrt{-\lambda}$$

auf. Dabei strebt $\lambda^*(\varepsilon) \to -\infty$ mit $\varepsilon \to 0$.

Der Wert $\lambda^*(\varepsilon)$ läßt sich durch keine der Funktionen $\lambda_n(\varepsilon)$ erfassen. Die Verschiedenheit der Vorzeichen von $\lambda_n(\varepsilon)$ und $\lambda^*(\varepsilon)$ ist aber nicht entscheidend. Geht man daher zum iterierten Kern $K^{(2)}(s, t; \varepsilon)$ über, so sind die Zahlen $\lambda_n^2(\varepsilon)$, und falls $\varepsilon < 0$, $\lambda^{*2}(\varepsilon)$ die sämtlichen Eigenwerte. Hierbei fällt $\lambda^{*2}(\varepsilon)$ bis auf abzählbar viele Werte von ε mit keinem $\lambda_n^2(\varepsilon)$ zusammen. Es ist klar, daß $\lambda^*(\varepsilon)$ nicht regulär für eine Umgebung von $\varepsilon = 0$ sein kann. Aber auch der reziproke Eigenwert $1/\lambda^*(\varepsilon)$ kann keine für eine Umgebung von $\varepsilon = 0$ reguläre Potenzreihe von ε sein.

Rellich ([56], V, S. 464, 465, 474) gibt zwei hinreichende Bedingungen dafür an, um nichtreguläre reziproke Eigenwerte beim gestörten Kern auszuschließen. Im einzelnen ergibt sich:

3. Satz:

Es sei $\mathfrak{K}(\varepsilon) = \overline{\mathfrak{K}}'(\varepsilon)$ für reelles ε. Es gebe eine Zahl $M \geq 0$ und eine feste komplexe Umgebung $|\varepsilon| < \varrho'$ von $\varepsilon = 0$ derart, daß für alle in $0 \leq x \leq 1$ stetigen, komplexwertigen Funktionen $u(x)$ entweder

a) $$(\mathfrak{K}(\varepsilon)\,u, \overline{\mathfrak{K}(\varepsilon)\,u}) \leq M^2\,(\mathfrak{K}(0)\,u, \overline{\mathfrak{K}(0)\,u})$$

oder

b) $$|(u, \mathfrak{K}(\varepsilon)\,u)| \leq M \cdot |(u, \mathfrak{K}(0)\,u)|$$

gilt. Dann existiert eine unendliche Folge von Funktionen $\varkappa_1(\varepsilon), \varkappa_2(\varepsilon), \ldots$, die alle in einem festen reellen Intervall $-\varrho < \varepsilon < \varrho$ regulär sind; jede Funktion $\varkappa_n(\varepsilon)$ ist entweder identisch Null oder im ganzen Intervall $\neq 0$. (Soweit die $\varkappa_n(\varepsilon)$ nicht verschwinden, stellen sie alle reziproken Eigenwerte des gestörten Kerns dar). Zur Folge $\varkappa_n(\varepsilon)$ gibt es eine korrespondierende Folge von Funktionen $y_n(s, \varepsilon)$, die mit Bezug auf ε regulär im Intervall sind und die Bedingungen $\varkappa_n(\varepsilon)\,y_n(\varepsilon) = \mathfrak{K}(\varepsilon)\,y_n(\varepsilon)$ und $(y_n(\varepsilon), \overline{y_m(\varepsilon)}) = \delta_{n\,m}$ erfüllen. Das System der Funktionen $y_n(s, \varepsilon)$ ist vollständig. Diejenigen y_n, für die $\varkappa_n(\varepsilon)$ verschwindet, hängen von ε nicht ab.

Die Bedingungen a) und b) sind z. B. für den Kern

$$K(s, t; \varepsilon) = \frac{1}{2}\,(s + t) - \frac{1}{2}\,|s - t| - \frac{\varepsilon \cdot s \cdot t}{1 + \varepsilon}$$

erfüllt.

§ 29. Anwendung der Störungsrechnung. Der ungestörte Eigenwert ist einfach.

Es möge $\Re(\varepsilon)$ den Voraussetzungen des 1. Satzes des § 28 genügen. Um die von $\Re(0)$ aus „erreichbaren" Eigenwerte und Reihenfunktionen der Gleichung

$$y = \lambda\, \Re(\varepsilon)\, y, \qquad \varepsilon \text{ reell} \tag{1}$$

für hinreichend kleine $|\varepsilon|$ zu berechnen, behandelt man zunächst die Gleichung für $\varepsilon = 0$. Man erhält auf diese Weise Näherungslösungen. Durch die Anwendung von Rekursionsformeln kann man aus ihnen weitere Näherungslösungen ableiten, die noch näher an die exakten Lösungen herankommen.

Um dies im einzelnen darzustellen, werde an die Reihenentwicklung von $K(s, t; \varepsilon)$ im 1. Satz angeknüpft. In Operatorschreibweise ist

$$\Re(\varepsilon) = \Re_0 + \varepsilon\, \Re_1 + \varepsilon^2\, \Re_2 + \cdots, \tag{2}$$

wobei $\Re_0, \Re_1, \ldots$ Integraloperatoren bedeuten. Zu $\Re(\varepsilon)$ gehören lauter reelle Eigenwerte. Es sei jetzt $\varkappa_0 \neq 0$ ein einfacher reziproker Eigenwert von $\Re(0)$. Dann gibt es zu $\Re(\varepsilon)$ nach dem 1. Satz einen reziproken Eigenwert

$$\varkappa(\varepsilon) = \varkappa_0 + \varkappa_1\, \varepsilon + \varkappa_2\, \varepsilon^2 + \cdots, \tag{3}$$

wobei (3) in einer Umgebung von $\varepsilon = 0$ konvergiert. Die Koeffizienten $\varkappa_0, \varkappa_1, \ldots$ sind sämtlich reell. Nach dem 1. Satz gehört zu $\varkappa(\varepsilon)$ eine Eigenfunktion

$$\varphi(\varepsilon) = \varphi_0 + \varphi_1\, \varepsilon + \varphi_2\, \varepsilon^2 + \cdots, \tag{4}$$

so daß also

$$\varkappa(\varepsilon)\, \varphi(\varepsilon) = \Re(\varepsilon)\, \varphi(\varepsilon) \tag{5}$$

und die Normierungsbedingung

$$\left(\varphi(\varepsilon), \bar{\varphi}(\varepsilon)\right)^{\frac{1}{2}} = \|\varphi(\varepsilon)\| = 1^{1)} \tag{6}$$

erfüllt ist. Die Reihe für $\varphi(\varepsilon)$ konvergiert in einer gewissen Umgebung von $\varepsilon = 0$. Die darin vorkommenden Funktionen $\varphi_n = \varphi_n(s)$ sind stetig für $0 \leq s \leq 1$.

Die Funktion φ_0 in der Entwicklung (4) ist durch $\varkappa_0$ nicht eindeutig bestimmt. Auch wenn $1/\varkappa_0$ ein einfacher Eigenwert ist, kann man sie noch mit einem komplexen Faktor vom Betrage Eins multiplizieren, ohne (4) bis (6) zu ändern. Nach Rellich ([56], IV, S. 358, 359) kann man $\varphi(\varepsilon)$ durch Multiplikation mit einem Faktor $\gamma(\varepsilon)$ so normieren,

---

1) Wir setzen von nun ab $\|u\|$ für $|(u, u)|^{\frac{1}{2}}$.

daß außer (6) die weiteren Bedingungen

$$(\varphi_0, \varphi_n) = \text{reell} \quad \text{für} \quad n = 1, 2, \ldots \tag{6'}$$

erfüllt sind. Wir setzen (6') für alles Folgende voraus.

Die Normierungen (6) und (6') legen eine Funktion $\varphi(\varepsilon)$ soweit fest, daß jede in gleicher Weise normierte, von $\varphi(\varepsilon)$ linear abhängige Funktion $\psi(\varepsilon)$ durch Multiplikation mit einem konstanten, von ε **unabhängigen** Faktor vom Betrage Eins in $\varphi(\varepsilon)$ übergeht. Umgekehrt zerstört eine Multiplikation mit einem solchen Faktor nicht die Normierung (6) und (6').

Aus (6) fließen die Relationen

$$\|\varphi_0\| = 1; \quad \sum_{i+k=n} (\varphi_i, \bar{\varphi}_k) = 0 \quad \text{für} \quad n = 1, 2, \ldots. \tag{7}$$

Aus (6') und (7) folgt weiterhin

$$(\varphi_0, \bar{\varphi}_1) = 0; \quad \text{und für} \quad n \geq 2$$
$$(\varphi_0, \bar{\varphi}_n) = -\frac{1}{2}\left\{(\varphi_1, \overline{\varphi_{n-1}}) + (\varphi_2, \overline{\varphi_{n-2}}) + \cdots + (\varphi_{n-1}, \bar{\varphi}_1)\right\}. \tag{8}$$

Hierzu kommen Formeln, die sich aus dem Vergleich der beiden Seiten von (5) ergeben, wenn sie nach Potenzen von ε entwickelt werden. Man findet

$$(\mathfrak{K}_0 - \varkappa_0)\,\varphi_0 = 0 \quad \text{und} \quad \sum_{i+k=n} (\mathfrak{K}_i - \varkappa_i)\,\varphi_k = 0 \tag{9}$$
$$\text{für} \quad n = 1, 2, \ldots.$$

Mit den Abkürzungen

$$\psi_1 = \mathfrak{K}_1 \varphi_0; \quad \psi_n = \mathfrak{K}_n \varphi_0 + (\mathfrak{K}_1 - \varkappa_1)\,\varphi_{n-1} + (\mathfrak{K}_2 - \varkappa_2)\,\varphi_{n-2}$$
$$+ \cdots + (\mathfrak{K}_{n-1} - \varkappa_{n-1})\,\varphi_1 \quad \text{für} \quad n = 2, 3, \ldots \tag{10}$$

schreiben sich die Relationen (9) in der Gestalt

$$(\varkappa_0 - \mathfrak{K}_0)\,\varphi_n = \psi_n - \varkappa_n \varphi_0 \quad \text{für } n \geq 1. \tag{11}$$

Man kann (11) als Integralgleichung für φ_n bei gegebener rechter Seite ansehen. Damit sie eine Lösung φ_n besitze, obwohl $\varkappa_0$ ein reziproker Eigenwert ist, muß die rechte Seite nach I, § 3 orthogonal zu den Eigenfunktionen sein, die zu $\mathfrak{K}_0'$ und $\varkappa_0$ gehören, insbesondere zu $\bar{\varphi}_0$. Daher gilt $\varkappa_n(\varphi_0, \bar{\varphi}_0) - (\psi_n, \bar{\varphi}_0) = 0$ und also

$$\boxed{\varkappa_n = (\psi_n, \bar{\varphi}_0)}. \tag{12}$$

Für $n = 1$ geht diese Formel über in

$$\varkappa_1 = (\mathfrak{K}_1 \varphi_0, \bar{\varphi}_0). \tag{12'}$$

Mit Bezug auf $\varkappa_0$ sei $\mathfrak{K}_0 = \mathfrak{A} + \mathfrak{B}$ die Zerlegung von $\mathfrak{K}$ gemäß (I, § 3, 7). Da $\varkappa_0$ einfach ist, so gilt allgemein $\mathfrak{A}\,u = \varkappa_0 \varphi_0\,(\bar{\varphi}_0, u)$. Stets ist

$\mathfrak{A}\,\mathfrak{B}\,u = \mathfrak{B}\,\mathfrak{A}\,u \equiv 0$. Aus (11) folgt $\mathfrak{A}(\psi_n - \varkappa_n\,\varphi_0) = 0$ sowie

$$(\varkappa_0 - \mathfrak{B})\,\varphi_n = \mathfrak{A}\,\varphi_n + \psi_n - \varkappa_n\,\varphi_0 \qquad \text{und}$$

$$\varphi_n = \frac{\mathfrak{A}\,\varphi_n}{\varkappa_0} + (\varkappa_0 - \mathfrak{B})^{-1}\left(1 - \frac{\mathfrak{A}}{\varkappa_0}\right)\psi_n. \tag{13}$$

Mit der Abkürzung

$$\mathfrak{R} = (\varkappa_0 - \mathfrak{B})^{-1}\left(1 - \frac{\mathfrak{A}}{\varkappa_0}\right) \tag{13'}$$

und unter Berücksichtigung von (8) läßt sich schreiben

$$\boxed{\begin{aligned}&\varphi_1 = \mathfrak{R}\,\psi_1 = \mathfrak{R}\,\mathfrak{R}_1\,\varphi_0;\\ &\varphi_n = -\frac{1}{2}\{(\varphi_1, \bar{\varphi}_{n-1}) + \cdots + (\varphi_{n-1}, \bar{\varphi}_1)\}\varphi_0 + \mathfrak{R}\,\psi_n;\ n = 2,\,3,\ldots\end{aligned}} \tag{14}$$

Damit sind für den Fall eines **einfachen ungestörten Eigenwertes** $\lambda_0 = 1/\varkappa_0$ von $\mathfrak{R}_0$ Rekursionsformeln gefunden, die die Berechnung der Koeffizienten $\varkappa_n$ und der Funktionen φ_n gestatten. Sie wurden zuerst von Rellich ([56], IV, S. 360) angegeben.

Noch vor den Untersuchungen von Rellich über die Störungstheorie der Spektralzerlegung von Operatoren widmete W. Meyer zur Capellen [45] der Störungsrechnung bei Integralgleichungen mit reellem symmetrischen Kern eine kurze Note. Statt $\varkappa(\varepsilon)$ betrachtet er die Reihe $\varkappa^{-1}(\varepsilon) = \lambda_0 + \lambda_1\,\varepsilon + \cdots$; für λ_1 und λ_2 gibt er das Analogon der Formel (12) an. Für die Differenz $\varphi_1 - \lambda_0\,\mathfrak{R}_1\,\varphi_0$ gibt Meyer zur Capellen die Entwicklung nach den Eigenfunktionen von $\mathfrak{R}_0$ an. Indes dürfte die Berechnung von φ_1 auf diese Weise recht mühsam sein.

Besondere Bedeutung dürfte der Spezialfall $\mathfrak{R}(\varepsilon) = \mathfrak{R}_0 + \varepsilon\mathfrak{R}_1$ besitzen. Eine weitere Vereinfachung ergibt sich, wenn außerdem $\mathfrak{A} = \mathfrak{R}_0$, also $\mathfrak{R} = 1/\varkappa_0 - (1/\varkappa_0^2)\,\mathfrak{R}_0$ ist. Dieser Fall führt zu einfachen numerischen Rechnungen. Man kann ihn in der folgenden Weise realisieren.

Sei $\mathfrak{L}$ ein gegebener Hermitescher Integraloperator, dessen Eigenwerte und Eigenfunktionen bestimmt werden sollen. Man wähle einen Operator $\mathfrak{R}_0$, dessen Kern $K_0(s, t) = \varkappa_0\,y(s)\,\bar{y}(t)$ mit $\varkappa_0$ und $y(s)$ einem reziproken Eigenwert von $\mathfrak{L}$ und einer zugehörigen Eigenfunktion möglichst nahe kommt. Alsdann setze man $\mathfrak{R}(\varepsilon) = \mathfrak{R}_0 + \varepsilon(\mathfrak{L} - \mathfrak{R}_0)$ und führe die Störungsrechnung für $\varepsilon = 1$ aus. Es ist $\mathfrak{R}(1) = \mathfrak{L}$. Ein numerisches Beispiel findet sich am Ende des folgenden Paragraphen.

§ 30. Abschätzungen für die Störung beim einfachen Eigenwert.

Es seien die Reihen

$$K(\varepsilon) = |\varkappa_1|\,\varepsilon + |\varkappa_2|\,\varepsilon^2 + \cdots, \quad \Phi(\varepsilon) = \|\varphi_1\|\,\varepsilon + \|\varphi_2\|\,\varepsilon^2 + \cdots$$

eingeführt. Wir setzen die Betrachtungen des vorangehenden Paragraphen fort, und zwar mit dem Ziel, Majoranten für $K(\varepsilon)$ und für

$\Phi(\varepsilon)$ aufzustellen. Hierzu setzen wir die Existenz einer Potenzreihe

$$a(\varepsilon) = a_1\,\varepsilon + a_2\,\varepsilon^2 + \cdots \not\equiv 0 \tag{1}$$

voraus, die positive Koeffizienten a_n besitzt, für eine gewisse Umgebung von $\varepsilon = 0$ regulär ist und deren Koeffizienten die Abschätzungen

$$\|\Re_n\,u\| \leq a_n\,\|u\|; \qquad n = 1, 2, \ldots \tag{2}$$

für beliebige Funktionen u möglich machen. Als weiteres Hilfsmittel benutzen wir eine Abschätzung vom Typ

$$\|\Re\,u\| \leq \frac{\|u\|}{d}\,; \qquad d > 0 \tag{3}$$

für beliebige Funktionen u mit einer geeignet zu wählenden Konstanten $d > 0$. Um eine möglichst große Konstante zu finden, schreiben wir $\Re\,u = v$ und — auf Grund des 3. Einschließungssatzes (II, § 9) —

$$\|(\varkappa_0 - \mathfrak{B})\,v\|^2 = \big((\varkappa_0^2 - 2\,\varkappa_0\,\mathfrak{B} + \mathfrak{B}^2)\,v,\,\bar{v}\big) \geq (\varkappa_0 - \varkappa')^2\,\|v\|^2$$

für einen geeigneten reziproken Eigenwert $\varkappa' \neq \varkappa_0$, der $\Re_0$ und $\mathfrak{B}$ gemeinsam ist. Hier ist $\varkappa'$ durch Null zu ersetzen, falls $(\mathfrak{B}^2 - 2\,\varkappa_0\,\mathfrak{B})\,v \equiv 0$ ist. Wir setzen daher

$$d = \mathrm{Min}\,\big(|\varkappa_0|,\,|\varkappa_0 - \varkappa^*|\big), \tag{3'}$$

wobei $\varkappa^*$ die reziproken Eigenwerte von $\mathfrak{B}$ durchläuft. Dann gilt in jedem Falle

$$d\|v\| \leq \|(\varkappa_0 - \mathfrak{B})\,v\| = \left\|\left(1 - \frac{\mathfrak{A}}{\varkappa_0}\right) u\right\| \leq \|u\|,$$

also die Abschätzung (3) mit der durch (3') bestimmten Konstanten d.

Aus den Rekursionsformeln (§ 29, 12—14) folgt unter Benutzung von (2) und (3)

$$\left\{ \begin{aligned} |\varkappa_n| &\leq b_n - \|\varphi_1\| \cdot \varkappa_{n-1} \\ \|\varphi_n\| &\leq \frac{b_n}{d} + \frac{1}{2}\cdot \sum_{i=1}^{n-1} \|\varphi_i\| \cdot \|\varphi_{n-i}\| \end{aligned} \right\} n = 2, 3, \ldots \tag{4}$$

$$\text{mit } b_n = a_n + \sum_{i=1}^{n-1} \|\varphi_{n-i}\|\,\big(|\varkappa_i| + a_i\big).$$

Nunmehr definieren wir zwei Potenzreihen mit positiven Koeffizienten

$$\xi(\varepsilon) = \xi_1\,\varepsilon + \xi_2\,\varepsilon^2 + \cdots; \qquad \eta(\varepsilon) = \eta_1\,\varepsilon + \eta_2\,\varepsilon^2 + \cdots$$

durch

$$\left. \begin{aligned} \xi_1 &= |\varkappa_1|, \qquad \eta_1 = \|\varphi_1\| \\ \xi_n &= a_n - \eta_1\,\xi_{n-1} + \sum_{i=1}^{n-1} \eta_{n-i}\,(\xi_i + a_i) \\ \eta_n &= \frac{\xi_n + \eta_1\,\xi_{n-1}}{d} + \frac{1}{2}\sum_{i=1}^{n-1} \eta_i\,\eta_{n-i} \end{aligned} \right\} \text{ für } n = 2, 3, \ldots \tag{5}$$

Ein Vergleich der Formeln (5) mit den Ungleichungen (4) läßt unmittelbar erkennen, daß die Reihe $\xi(\varepsilon)$ eine Majorante für $K(\varepsilon)$ und $\eta(\varepsilon)$ eine Majorante für $\Phi(\varepsilon)$ ist. Die Gleichungen (5) lassen sich zusammenfassen zu

$$\left. \begin{aligned} \xi(\varepsilon) - \xi_1\,\varepsilon &= a(\varepsilon) - a_1\,\varepsilon - \eta_1\,\varepsilon\,\xi(\varepsilon) + \eta(\varepsilon)\left\{\xi(\varepsilon) + a(\varepsilon)\right\} \\ \eta(\varepsilon) - \eta_1\,\varepsilon &= \frac{\xi(\varepsilon)\,(1 + \eta_1\,\varepsilon) - \xi_1\,\varepsilon}{d} + \frac{1}{2}\,\eta^2(\varepsilon). \end{aligned} \right\} \tag{5'}$$

Die hierin auftretende Multiplikation ist im Sinne von Cauchy aufzufassen. Die Zusammenfassungen (5') lassen sich anderseits als Gleichungen für die beiden unbekannten Funktionen $\xi(\varepsilon)$ und $\eta(\varepsilon)$ ansehen. Man erkennt, daß sie auf die kubische Gleichung

$$\begin{vmatrix} \eta(\varepsilon) - \eta_1\,\varepsilon - 1, & \eta(\varepsilon)\,a(\varepsilon) + a(\varepsilon) - a_1\,\varepsilon + \xi_1\,\varepsilon \\[2mm] \dfrac{1 + \eta_1\,\varepsilon}{d}, & \dfrac{\eta^2(\varepsilon)}{2} - \eta(\varepsilon) + \eta_1\,\varepsilon - \dfrac{\xi_1\,\varepsilon}{d} \end{vmatrix} = 0. \tag{6}$$

für $\eta(\varepsilon)$ allein führen, die für $\varepsilon = 0$ drei voneinander verschiedene Wurzeln, darunter die Wurzel $\eta = 0$ aufweist. Der durch $\eta(0) = 0$ definierte Funktionszweig der Lösung der kubischen Gleichung besitzt eine konvergente Entwicklung nach Potenzen von ε für eine gewisse Umgebung $|\varepsilon| < \varrho$ der Stelle $\varepsilon = 0$. Das gleiche gilt für die Funktion $\xi(\varepsilon)$, die durch Einsetzen von $\eta(\varepsilon)$ in eine der Gleichungen (5') definiert ist. Auch sie verschwindet an der Stelle $\varepsilon = 0$. Beide Funktionen haben die durch (5) definierten Zahlen ξ_n und η_n zu Entwicklungskoeffizienten.

Die praktische Anwendung der Majoranten $\xi(\varepsilon)$ und $\eta(\varepsilon)$ ist einfach. Hat man die Näherung $\widetilde{\varkappa}_n(\varepsilon) = \varkappa_0 + \varkappa_1\,\varepsilon + \cdots + \varkappa_n\,\varepsilon^n$ berechnet, so ergibt sich für ihren Fehler die Abschätzung

$$\left| \varkappa(\varepsilon) - \sum_{\nu=0}^{n} \varkappa_\nu\,\varepsilon^\nu \right| \leq \xi(|\varepsilon|) - \sum_{\nu=1}^{n} \xi_\nu\,|\varepsilon|^\nu. \tag{7}$$

Desgleichen gilt

$$\left\| \varphi(\varepsilon) - \sum_{\nu=0}^{n} \varphi_\nu\,\varepsilon^\nu \right\| \leq \eta(|\varepsilon|) - \sum_{\nu=1}^{n} \eta_\nu\,|\varepsilon|^\nu. \tag{8}$$

Dabei muß ε auf solche Werte beschränkt sein, für die $\xi(|\varepsilon|)$ und $\eta(|\varepsilon|)$ konvergieren.

Der Konvergenzradius ϱ der Majorante $\eta(\varepsilon)$ kann nicht größer als der Konvergenzradius von $a(\varepsilon)$ sein. Er bestimmt sich aus dem Umstand, daß $\varepsilon = \varrho$ eine singuläre Stelle der Funktion $\eta(\varepsilon)$ sein muß. Sofern der Konvergenzradius der Entwicklung für $a(\varepsilon)$ größer als ϱ ist, muß bei $\varepsilon = \varrho$ eine mehrfache Wurzel der kubischen Gleichung für $\eta(\varepsilon)$ existieren.

Die Aufstellung von Majoranten mit Hilfe von Rekursionsformeln der Art (5′) folgt einer Methode von Rellich, der übrigens den teils allgemeineren, teils spezielleren Fall

$$\|\mathfrak{K}_n\,u\| \leq p^{n-1}\,\{a\,\|u\| + b\,\|\mathfrak{K}_0\,u\|\}$$

mit geeigneten Konstanten a, b, p untersucht. Er gibt die Abschätzungen

$$\left|\varkappa(\varepsilon) - \sum_{\nu=0}^{n}\varkappa_\nu\,\varepsilon^\nu\right| \leq \frac{d}{4}\,(|\varepsilon|\,C)^{n+1}$$

$$\left\|\varphi(\varepsilon) - \sum_{\nu=0}^{n}\varphi_\nu\,\varepsilon^\nu\right\| \leq \frac{1}{2}\,(|\varepsilon|\,C)^{n+1}$$

mit

$$C = 8\,p + 16\,\frac{a}{d} + 16\,b\left(1 + \frac{|\varkappa_0|}{d}\right)\,{}^1)\,.$$

17. Beispiel:

$K(s, t; \varepsilon) = 1 + \varepsilon\,st$, also $K_0(s, t) = 1$, $K_1(s, t) = st$. Alle anderen Kerne $K_n(s, t)$ verschwinden. $\mathfrak{K}_0$ hat als einzigen von Null verschiedenen reziproken Eigenwert den Wert $\varkappa_0 = 1$ mit der zugehörigen Eigenfunktion $\varphi_0 \equiv 1$. Durch die Störung geht $\varkappa_0$ über in

$$\varkappa(\varepsilon) = \frac{1}{2} + \frac{\varepsilon}{6} + \frac{1}{2}\left(1 + \frac{\varepsilon}{3} + \frac{\varepsilon^2}{9}\right)^{\frac{1}{2}}.$$

Die positive Bestimmung der Quadratwurzel für $\varepsilon = 0$ führt zur Entwicklung $\varkappa(\varepsilon) = 1 + \frac{\varepsilon}{4} + \dots$. Wir wählen jetzt $\varepsilon = 0{,}5$ und vergleichen die beiden Seiten der Ungleichung (7), um eine Vorstellung von der Fehlerabschätzung mittels der Majorante $\xi(\varepsilon)$ zu gewinnen. Es ist auf drei Stellen nach dem Komma

$$\varkappa(0{,}5) - \varkappa_0 - \frac{\varkappa_1}{2} = 0{,}005; \quad (\varkappa(0{,}5) = 1{,}130).$$

Man findet ferner $\varphi_1 = s/2 - 1/4$ und $a_1 = 1/3$, $d = 1$, $\xi_1 = 1/4$, $\eta_1 = \sqrt{3}/12$. Die Lösung der Gleichungen (5′) ergibt $\xi(0{,}5) = 0{,}150$ und $\eta(0{,}5) = 0{,}115$. Demnach $\xi(0{,}5) - 0{,}5\,\xi_1 = 0{,}025$ als rechte Seite von (7).

Um nachzuweisen, daß der Konvergenzradius von $\eta(\varepsilon)$ und damit auch von $\xi(\varepsilon)$ größer als $1/2$ ist, sehen wir die Funktion $\eta(\varepsilon)$ in der Determinante (6) als unabhängig von ε an; für die Determinante schreiben wir $D(\varepsilon, \eta)$. Bei unserem Beispiel läßt sich leicht bestätigen, daß $D(\varepsilon, 0) < 0$, $D(\varepsilon, 1/2) > 0$ und $D(\varepsilon, 1) < 0$ für $0 < \varepsilon \leq 1/2$ ist. Demnach besitzt (6) für alle ε des Intervalls $0 < \varepsilon \leq 1/2$ drei positive und voneinander verschiedene Wurzeln. Daher ist die Majorante $\eta(\varepsilon)$ in allen Punkten dieses Intervalls konvergent.

§ 31. Störung eines mehrfachen Eigenwerts.

Wir setzen die Betrachtungen des § 29 unter der Annahme $h \geq 2$ fort. Es sei $\varkappa_0$ vorgegeben, und es seien

$$\varkappa^{(i)}(\varepsilon) = \varkappa_0 + \varkappa_1^{(i)}\,\varepsilon + \varkappa_2^{(i)}\,\varepsilon^2 + \cdots; \qquad i = 1, 2, \dots h$$

${}^1)$ Verschärfungen hat inzwischen B. v. Sz. Nagy [93] angegeben. Mit $\alpha = 2a/d + 2b\,(1 + |\varkappa_0|/d)$ gelten $|\varkappa_n| \leq \frac{\alpha}{2}\,d\,(p + 2\alpha)^{n-1}$ und $\|\varphi_n\| \leq (p + 2\alpha)^n$.

reziproke Eigenwerte von $\mathfrak{K}(\varepsilon)$ und

$$\varphi^{(i)}(\varepsilon) = \varphi_0^{(i)} + \varphi_1^{(i)}\,\varepsilon + \varphi_2^{(i)}\,\varepsilon^2 + \cdots; \qquad i = 1, 2, \ldots h$$

zugehörige, durch (§ 29, 6) und (§ 29, 6′) normierte Eigenfunktionen, die außerdem den Bedingungen

$$\left(\varphi^{(i)}(\varepsilon),\ \overline{\varphi^{(k)}(\varepsilon)}\right) = \delta_{ik} \tag{1}$$

genügen sollen. Aus ihnen folgen die Relationen

$$(\varphi_0^{(i)}, \overline{\varphi_0^{(k)}}) = \delta_{ik}; \qquad \sum_{\nu + \mu = n} (\varphi_\nu^{(i)}, \overline{\varphi_\mu^{(i)}}) = 0 \qquad \text{für } n \geq 1. \tag{2}$$

An Stelle von (§ 29, 10) sind die entsprechenden Größen

$$\psi_1^{(i)} = \mathfrak{K}_1 \varphi_0^{(i)}; \ \ \psi_n^{(i)} = \mathfrak{K}_n \varphi_0^{(i)} + (\mathfrak{K}_1 - \varkappa_1^{(i)})\varphi_{n-1}^{(i)} + \cdots (\mathfrak{K}_{n-1} - \varkappa_{n-1}^{(i)})\varphi_1^{(i)} \tag{3}$$

zu betrachten. Sie erfüllen die Gleichungen

$$(\varkappa_0 - \mathfrak{K}_0)\,\varphi_n^{(i)} = \psi_n^{(i)} - \varkappa_n^{(i)}\,\varphi_0^{(i)} \qquad \text{für } n \geq 1. \tag{4}$$

Die rechte Seite von (4) muß zu den Funktionen $\overline{\varphi}_0^{(k)}$ orthogonal sein. Demnach ist

$$(\psi_n^{(i)}, \overline{\varphi_0^{(k)}}) - \varkappa_n^{(i)} \cdot \delta_{ik} = 0, \tag{5}$$

insbesondere also für $n = 1$:

$$(\mathfrak{K}_1\,\varphi_0^{(i)},\ \overline{\varphi_0^{(k)}}) - \varkappa_1^{(i)}\,\delta_{ik} = 0. \tag{5′}$$

Diese Gleichung gestattet im allgemeinen die eindeutige Berechnung der Größen $\varkappa_1^{(i)}$ und $\varphi_0^{(i)}$. Ist nämlich $\chi_1, \chi_2, \ldots, \chi_h$ ein System von Eigenfunktionen zu $\varkappa_0$ und $\mathfrak{K}_0$, die den Bedingungen $(\chi_i, \overline{\chi}_k) = \delta_{ik}$ genügen, so sei

$$\varphi_0^{(i)} = \sum_{k=1}^{h} x_{ik}\,\chi_k; \qquad i = 1, 2, \ldots h$$

mit gewissen Koeffizienten x_{ik}. Die Koeffizienten x_{ik} bilden wegen der Normierung der $\varphi_0^{(i)}$ und der χ_k eine unitäre Matrix $\mathfrak{X} = (x_{ik})$. Führen wir noch die Matrizen $\mathfrak{C} = (c_{ik})$ mit $c_{ik} = (\mathfrak{K}_1 \chi_i, \chi_k)$ und $\mathfrak{D} = (d_{ik})$ mit $d_{ik} = \varkappa_1^{(i)}\,\delta_{ik}$ ein, so folgt aus (5′) $\mathfrak{X}\,\mathfrak{C}\,\overline{\mathfrak{X}}' = \mathfrak{D}$. Demnach bestimmen sich die $\varkappa_1^{(\nu)}$ als Wurzeln der Determinantengleichung

$$\|c_{ik} - \varkappa_1\,\delta_{ik}\| = 0, \tag{6}$$

die für $\varkappa_1 = \varkappa_1^{(1)}, \ldots, \varkappa_1^{(h)}$ erfüllt ist. Die Koeffizienten x_{ik} genügen den Gleichungen

$$\sum_{k=1}^{h} x_{ik}\,(c_{k\nu} - \delta_{k\nu}\,\varkappa_1^{(i)}) = 0, \qquad \nu = 1, 2, \ldots h. \tag{6′}$$

Sind die Wurzeln von (6) sämtlich voneinander verschieden, so sind die Vektoren $(x_{i1}, x_{i2}, \ldots, x_{ih})$ und damit die Funktionen $\varphi_0^{(i)}$ bis auf einen konstanten Faktor vom Betrage Eins eindeutig bestimmt.

Von jetzt ab sei vorausgesetzt, daß die h Wurzeln von (6) sämtlich verschieden voneinander sind. Dann dürfen außer den $\varkappa_1^{(i)}$ auch die Funktionen $\varphi_0^{(i)}$ als bekannt angesehen werden. Es kommt jetzt darauf an, ein System von Rekursionsformeln aufzustellen, mit dem man alle weiteren Koeffizienten der Reihen $\varkappa^{(i)}(\varepsilon)$ und $\varphi^{(i)}(\varepsilon)$ aus den bereits bekannten berechnen kann. Für die Zahlen $\varkappa_n^{(i)}$ findet man aus (5)

$$\varkappa_n^{(i)} = (\psi_n^{(i)}, \overline{\varphi_0^{(i)}}) \qquad \text{für } n \geq 2 . \tag{7}$$

Für die Funktionen $\varphi_n^{(i)}$ gilt (§ 29, 13), angewandt auf $\varphi_n = \varphi_n^{(i)}$ und $\psi_n = \psi_n^{(i)}$. Demnach ist

$$\varphi_n^{(i)} = \frac{\mathfrak{A}}{\varkappa_0} \varphi_n^{(i)} + \mathfrak{R}\, \psi_n^{(i)} . \tag{8}$$

Es ist aber

$$\frac{\mathfrak{A}}{\varkappa_0} \varphi_n^{(i)} = \sum_{k=1}^{h} \varphi_0^{(k)} (\varphi_n^{(i)}, \overline{\varphi_0^{(k)}}) , \tag{9}$$

und die Koeffizienten $(\varphi_n^{(i)}, \overline{\varphi_0^{(k)}})$ sind zunächst noch unbekannt. Für $i = k$ findet man

$$(\varphi_n^{(i)}, \overline{\varphi_0^{(i)}}) = -\frac{1}{2} \{(\varphi_{n-1}^{(i)}, \overline{\varphi_1^{(i)}}) + \cdots\} \tag{10}$$

in vollkommener Analogie zu (§ 29, 8). Für $i \neq k$ ergibt sich aus (3) für $(n+1)$ und aus (8), (9) und (5′)

$$\begin{aligned}
(\psi_{n+1}^{(i)}, \overline{\varphi_0^{(k)}}) = (\mathfrak{R}_{n+1}\, \varphi_0^{(i)}, \overline{\varphi_0^{(k)}}) &+ ((\mathfrak{R}_n - \varkappa_n^{(i)})\, \varphi_1^{(i)}, \overline{\varphi_0^{(k)}}) \\
&+ \cdots + ((\mathfrak{R}_2 - \varkappa_2^{(i)})\, \varphi_{n-1}^{(i)}, \overline{\varphi_0^{(k)}}) \\
&+ ((\mathfrak{R}_1 - \varkappa_1^{(i)})\, \mathfrak{R}\, \psi_n^{(i)}, \overline{\varphi_0^{(k)}}) \\
&+ (\varkappa_1^{(k)} - \varkappa_1^{(i)})\, (\varphi_n^{(i)}, \overline{\varphi_0^{(k)}}) = 0 .
\end{aligned} \tag{11}$$

Sind daher die $\varkappa_1^{(i)}, \varkappa_2^{(i)}, \ldots, \varkappa_{n-1}^{(i)}$ und $\varphi_0^{(i)}, \varphi_1^{(i)}, \ldots, \varphi_{n-1}^{(i)}$ bereits berechnet, so kann man aus (7) bis (11) die Koeffizienten zum Index n berechnen.

Auch die vorstehenden Rekursionsformeln rühren von F. Rellich her ([56], IV). Desgleichen stammt von ihm eine Fehlerabschätzung ähnlich der in § 30 beschriebenen. Die Eigenschaft der $\varkappa_1^{(i)}$, Wurzeln der Gleichung (6) zu sein, wurde von E. Schrödinger beschrieben. Wir werden ihr noch später bei der Untersuchung eines als Hilbertsche Analogie bezeichneten numerischen Verfahrens begegnen.

§ 32. Störungstheorie der inhomogenen Integralgleichung.

Es sei $K_0(s, t)$, $K_1(s, t)$, ... eine Folge von zulässigen, für $0 \leq s, t \leq 1$ definierten Kernen, wobei $|K_n(s, t)| \leq C^n$ mit einer von n unabhängigen Konstanten $C > 0$ sein möge. Die Reihe

$$K(s, t; \varepsilon) = K_0(s, t) + \varepsilon K_1(s, t) + \varepsilon^2 K_2(s, t) + \cdots \tag{1}$$

konvergiert dann für $|\varepsilon| \leq p < 1/C$ absolut und gleichmäßig in s, t und ε. Es sei die inhomogene Integralgleichung

$$\varphi(s; \varepsilon) = \lambda \int\limits_0^1 K(s, t; \varepsilon)\, \varphi(t; \varepsilon)\, dt + f(s) \tag{2}$$

nach $\varphi(s; \varepsilon)$ aufzulösen. Dabei soll λ kein Eigenwert von $K_0(s, t)$ sein. Wir bedienen uns wieder der übersichtlicheren Operatorschreibweise, indem wir für (1)

$$\mathfrak{K}(\varepsilon) = \mathfrak{K}_0 + \varepsilon\, \mathfrak{K}_1 + \varepsilon^2\, \mathfrak{K}_2 \ldots \tag{1'}$$

setzen. Für $\varphi(s; \varepsilon)$ machen wir den Ansatz

$$\varphi(s; \varepsilon) = \varphi_0(s) + \varepsilon\, \varphi_1(s) + \cdots \tag{3}$$

oder kürzer $\varphi = \varphi_0 + \varepsilon\, \varphi_1 + \cdots$. Geht man mit (3) in die Gleichung (2), so erhält man durch Koeffizientenvergleich für $n \geq 1$

$$\varphi_n - \lambda\, \mathfrak{K}_0\, \varphi_n = \lambda(\mathfrak{K}_1\, \varphi_{n-1} + \mathfrak{K}_2\, \varphi_{n-2} + \cdots + \mathfrak{K}_n\, \varphi_0).$$

Diese Gleichung ist eindeutig nach φ_n auflösbar. Unter Benutzung des zu $(1 - \lambda\, \mathfrak{K}_0)$ reziproken Operators $(1 + \lambda\, \varGamma_0)$ erhält man für $n \geq 1$

$$\varphi_n = \lambda(1 + \lambda\, \varGamma_0)\,(\mathfrak{K}_1\, \varphi_{n-1} + \mathfrak{K}_2\, \varphi_{n-2} + \cdots). \tag{4}$$

Die Funktion φ_0 bestimmt sich als Lösung von $\varphi_0 = \lambda\, \mathfrak{K}_0\, \varphi_0 + f$, woraus sich die Existenz einer oberen Schranke $\varPhi_0 \geq |\varphi_0(s)|$ ergibt. Gilt nun $|u(s)| \leq U$, so ist stets

$$|\lambda(1 + \lambda\, \varGamma_0)\, \mathfrak{K}_\nu\, u| \leq D \cdot C^\nu \cdot U$$

mit einer geeigneten, nur von $\lambda(1 + \lambda\, \varGamma_0)$ abhängigen Konstanten $D > 0$. Daher definiert die Rekursionsformel

$$\varPhi_n = D(C\, \varPhi_{n-1} + C^2\, \varPhi_{n-2} + \cdots + C^n\, \varPhi_0), \qquad n \geq 1 \tag{5}$$

eine Zahlenfolge $\varPhi_1, \varPhi_2, \ldots, \varPhi_n, \ldots$, bei der $\varPhi_n \geq |\varphi_n(s)|$ für die nach (4) berechnete Funktion $\varphi_n(s)$ gilt. Es ist dann

$$\varPhi(\varepsilon) = \frac{\varPhi_0(1 - C\,\varepsilon)}{1 - (C + C D)\,\varepsilon} = \sum_{\nu=0}^{\infty} \varPhi_n\, \varepsilon^n \qquad \text{für} \quad |\varepsilon|\,(C + C D) < 1. \tag{6}$$

Daher muß die Entwicklung für $\varphi(s; \varepsilon)$ für $|\varepsilon|\,(C + CD) \leq p < 1$ absolut und gleichmäßig in s konvergieren und die Lösung von (2) darstellen.

Man kann also, ausgehend von φ_0 als 1. Näherung für $\varphi(s;\varepsilon)$, verbesserte Näherungen $\varphi_n(s;\varepsilon) = \varphi_0 + \varphi_1\varepsilon + \cdots + \varphi_n\varepsilon^n$ mit Hilfe der Rekursionsformel (4) berechnen. Es ist dann

$$\left|\varphi(s;\varepsilon) - \varphi_n(s;\varepsilon)\right| \leq \Phi(|\varepsilon|) - \sum_{\nu=0}^{n} \Phi_\nu\,|\varepsilon|^\nu. \tag{7}$$

Die vorstehenden Näherungen lassen sich nach dem Beispiel des § 30 modifizieren, wenn an Stelle der Ungleichungen $|K_n(s,t)| \leq C^n$ andere Abschätzungen für die Kerne $K_n(s,t)$ bekannt sind.

Hier sei nur noch der einfache Fall

$$\mathfrak{K}(\varepsilon) = \mathfrak{K}_0 + \varepsilon\,\mathfrak{K}_1 \tag{8}$$

erwähnt. Setzen wir zur Abkürzung $\gamma = \lambda(1 + \lambda\,\Gamma_0)\,\mathfrak{K}_1$, so ergibt sich

$$\varphi(\varepsilon) = \varphi_0 + \varepsilon\,\gamma\,\varphi_0 + \varepsilon^2\,\gamma^2\,\varphi_0 + \cdots \tag{9}$$

Diese Reihe konvergiert gewiß für hinreichend „kleine" Kerne $|\varepsilon\,K_1(s,t)|$. Man kann sie dazu benutzen, um die Näherungslösungen der Gleichung (I, § 1, 1), die durch den Ersatz des Kerns $K(s,t)$ durch einen Kern $K^*(s,t)$ gewonnen werden, schrittweise zu verbessern, indem $\varepsilon = 1$ und $K_0(s,t) = K^*(s,t)$; $K_1(s,t) = K(s,t) - K^*(s,t)$ gesetzt wird.

§ 33. Ersatz durch entartete Kerne.

Es sei

$$K^*(s,t) = \sum_{\nu=1}^{m} \alpha_\nu(s)\,\beta_\nu(t); \qquad 0 \leq s,t \leq 1 \tag{1}$$

ein entarteter Kern, wobei $\alpha_\nu(s)$ und $\beta_\nu(t)$ zulässige Funktionen bedeuten mögen. Die Integralgleichung $y = \lambda\,\mathfrak{K}^*\,y + f$ läßt eine besonders einfache numerische Behandlung zu. Führt man nämlich (1) in sie ein, so findet man

$$y(s) = \sum_{\nu=1}^{m} c_\nu\,\alpha_\nu(s) + f(s) \tag{2}$$

mit noch zu bestimmenden Koeffizienten c_ν. Geht man mit (2) in die Integralgleichung, so findet man ein System linearer Gleichungen für die Koeffizienten c_ν. Die Funktionen α_ν seien als linear unabhängig vorausgesetzt.

Mit den Abkürzungen

$$f_\nu = (\beta_\nu, f), \qquad c_{\mu\nu} = (\beta_\mu, \alpha_\nu)$$

und den Matrizen

$$\mathfrak{c} = (c_1, c_2, \ldots, c_m), \quad \mathfrak{f} = (f_1, f_2, \ldots, f_m); \quad \mathfrak{C} = (c_{\mu\nu})$$

ergibt sich

$$\mathfrak{c}' = \lambda\,\mathfrak{C}\,\mathfrak{c}' + \lambda\,\mathfrak{f}'{}^1) \tag{3}$$

---

[1]) $\mathfrak{c}$ und $\mathfrak{f}$ sind Zeilenmatrizen; ihre Transponierten $\mathfrak{c}'$ und $\mathfrak{f}'$ sind Spaltenmatrizen.

oder, falls $\mathfrak{E}$ die m-reihige Einheitsmatrix bezeichnet,

$$(\mathfrak{E} - \lambda\,\mathfrak{E})\ \mathfrak{c}' = \lambda\,\mathfrak{f}'. \tag{3'}$$

Diese Gleichung ist völlig gleichbedeutend mit der obigen Integralgleichung; insbesondere bestimmen sich die Eigenwerte durch

$$\|\mathfrak{E} - \lambda_\nu\,\mathfrak{E}\| = 0 \tag{4}$$

und die Eigenfunktionen aus den Lösungen von

$$(\mathfrak{E} - \lambda_\nu\,\mathfrak{E})\ \mathfrak{c}' = 0. \tag{4'}$$

Damit ist die Integralgleichung auf ein System linearer Gleichungen zurückgeführt, und man kann alle hierfür bekannten numerischen Methoden anwenden, um jene Gleichungen zu lösen. In diesem Zusammenhang sei besonders auf die zusammenfassende Darstellung [4] und auf das Buch von R. Zurmühl [89] hingewiesen.

Um Näherungslösungen der inhomogenen Integralgleichung (I, §1, 1) sowie Eigenwerte und Eigenfunktionen des Kerns $K(s, t)$ zu berechnen, empfiehlt es sich, den Kern $K(s, t)$ durch einen entarteten Kern $K^*(s, t)$ zu ersetzen. Man wird $K^*(s, t)$ so wählen, daß die Differenz $K(s, t) - K^*(s, t)$ möglichst klein wird (auf Besonderheiten der Wahl von $K^*(s, t)$ kommen wir im nächsten Paragraphen zu sprechen). Hat man z. B. die Lösung der inhomogenen Gleichung mit dem Kern $K^*(s, t)$ berechnet, so kann man sie nach der Methode der Störungsrechnung, wie in § 32 angegeben, verbessern.

Der Gedanke, einen beliebigen Kern $K(s, t)$ durch einen entarteten $K^*(s, t)$ zu ersetzen, rührt von E. Schmidt [62] her. Bezeichnen $\mathfrak{K}$ und $\mathfrak{K}^*$ die den Kernen K und K^* entsprechenden Integraloperatoren, so sei $\mathfrak{K}_1 = \mathfrak{K} - \mathfrak{K}^*$ und $(1 + \Gamma_1)$ der zu $(1 - \mathfrak{K}_1)$ reziproke Operator. Nach E. Schmidt genügt die Lösung y der Gleichung $(1 - \mathfrak{K})\,y = f$ zugleich auch einer Integralgleichung mit entartetem Kern

$$y = (\mathfrak{K}^* + \Gamma_1\,\mathfrak{K}^*)\,y + (1 + \Gamma_1)\,f; \tag{5}$$

denn zu $\mathfrak{K}^* + \Gamma_1\,\mathfrak{K}^*$ gehört ein entarteter Kern. Es gehört zur Schmidtschen Theorie, den Kern $K^*(s, t)$ so zu bestimmen, daß $\Gamma_1 = \mathfrak{K}_1 + \mathfrak{K}_1^2 + \cdots$ gilt. Die Gleichung (5) läßt erkennen, wie man in diesem Falle beliebig genaue Näherungslösungen für y als exakte Lösungen von Integralgleichungen mit entartetem Kern berechnen kann. Man hat nur Γ_1 durch $(\mathfrak{K}_1 + \mathfrak{K}_1^2 + \cdots + \mathfrak{K}_1^n)$ zu ersetzen.

Übrigens sei darauf hingewiesen, daß man jeden entarteten Kern

$$K^*(s, t) = \sum_{\nu=1}^{m} \alpha_\nu(s)\,\beta_\nu(t)$$

auf die oft nützliche Gestalt

$$K^*(s, t) = \sum_{i,\,k=1}^{2m} b_{ik}\,\varphi_i(s)\,\varphi_k(t)$$

bringen kann, wobei die Funktionen $\varphi_1, \varphi_2, \ldots, \varphi_{2m}$ ein Orthonormalsystem bilden. Man hat nur die $2m$ Funktionen $\alpha_1, \ldots, \alpha_m; \beta_1, \ldots, \beta_m$ nach dem Schmidtschen Verfahren in ein Orthonormalsystem zu transformieren (vgl. auch [18], S. 98). An die Stelle der Matrix $\mathfrak{C}$ in (3) bis (4) tritt jetzt die Matrix der Koeffizienten b_{ik}.

§ 34. Das Variationsproblem von E. Schmidt für den entarteten Ersatzkern.

Der Kern $K(s, t)$ sei reell und stetig. Es erhebt sich die Frage, wie man ihn auf möglichst günstige Weise durch einen entarteten Kern $K^*(s, t)$ approximieren kann. E. Schmidt ([62], 1. Abhandlg., S. 467—470) gibt die Anzahl m der Produkte in der Darstellung

$$K^*(s, t) = \sum_{i=1}^{m} \alpha_i(s)\, \beta_i(t), \qquad \alpha_i, \beta_i \quad \text{reell},$$

vor und beantwortet die Frage, wie man die Funktionen α_i und β_i wählen muß, um den Ausdruck

$$D = \int_0^1 \int_0^1 (K(s, t) - K^*(s, t))^2\, ds\, dt$$

zum Minimum zu machen. Die Minimalfunktionen α_i und β_i ergeben sich als Lösungen des Gleichungspaares

$$\Phi = \lambda\, \mathfrak{K}\, \Psi; \qquad \Psi = \lambda\, \mathfrak{K}'\, \Phi. \tag{1}$$

Parameter λ, für die nicht identisch verschwindende Lösungen Φ und Ψ existieren, mögen singuläre Werte von $K(s, t)$ heißen. Wird $\mathfrak{L}_1 = \mathfrak{K}\,\mathfrak{K}'$ und $\mathfrak{L}_2 = \mathfrak{K}'\,\mathfrak{K}$ gesetzt, so gilt

$$\Phi = \lambda^2\, \mathfrak{L}_1\, \Phi, \qquad \Psi = \lambda^2\, \mathfrak{L}_2\, \Psi \tag{2}$$

als Folge von (1). Die beiden Operatoren $\mathfrak{L}_1$ und $\mathfrak{L}_2$ sind reell, symmetrisch und positiv definit. Die Funktionen Φ und Ψ werden als adjungiert zum Kern $K(s, t)$ und als dem singulären Wert λ zugehörig bezeichnet. Es handelt sich um Eigenfunktionen der Integraloperatoren $\mathfrak{L}_1$ und $\mathfrak{L}_2$. Der singuläre Wert λ ist Quadratwurzel eines Eigenwerts von $\mathfrak{L}_1$ und $\mathfrak{L}_2$. Er ist reell. Mit λ ist auch $-\lambda$ ein singulärer Wert mit den zugehörigen Funktionen Φ und $-\Psi$. Man kann sich daher auf die Betrachtung positiver singulärer Werte beschränken. Jede Eigenfunktion Φ von $\mathfrak{L}_1$ definiert auf Grund der 2. Gleichung (1) eine Funktion Ψ als Eigenfunktion von $\mathfrak{L}_2$ mit dem gleichen Eigenwert λ^2. Die Funktionen Φ und Ψ bilden also ein Paar adjungierter Funktionen von $K(s, t)$ zum singulären Wert λ.

Sei $\Phi_1, \Phi_2, \ldots$ ein vollständiges Orthonormalsystem reeller Eigenfunktionen von $\mathfrak{L}_1$. Dann definieren sie vermöge der 2. Gleichung (1) ein Orthonormalsystem $\Psi_1, \Psi_2, \ldots$ von reellen Eigenfunktionen von $\mathfrak{L}_2$, wie man leicht nachweisen kann. Die beiden Folgen

$$\Phi_1, \Phi_2, \ldots; \qquad \Psi_1, \Psi_2, \ldots \tag{3}$$

zu denen die singulären Werte $\lambda_1 \leq \lambda_2 \leq \cdots$ gehören mögen, werden von E. Schmidt als ein vollständiges Orthonormalsystem von adjungierten

Funktionen des Kerns $K(s, t)$ bezeichnet. Mit Bezug auf dieses System lautet das Ergebnis von E. Schmidt:

$$D \geq \int\limits_0^1 \int\limits_0^1 \left(K(s, t) - \sum_{i=1}^m \frac{1}{\lambda_i} \Phi_i(s)\, \Psi_i(t) \right)^2 ds\, dt. \tag{4}$$

Die m ersten Paare adjungierter Funktionen führen also D zum Minimum. Bisher hat dieses Ergebnis noch keine praktische Anwendung gefunden. Es dürfte mühevoll sein, die adjungierten Funktionen zu berechnen. Zum Schluß sei noch auf eine Arbeit von E. Smithies [70] hingewiesen, in der das Ergebnis von E. Schmidt unter schwächeren Stetigkeitsvoraussetzungen abgeleitet wird.

§ 35. Die Eigenfunktionen werden durch Linearkombinationen gegebener Funktionen approximiert.

Eine der gebräuchlichsten numerischen Methoden zur Behandlung von Differentialgleichungseigenwertproblemen geht auf Ritz und Galerkin (vgl. L. Collatz [17]) zurück. Sie besteht darin, eine Eigenfunktion näherungsweise als Linearkombination aus n gegebenen Funktionen $w_1(s), \ldots, w_n(s)$ darzustellen. Man kann diese Methode auch auf die praktische Behandlung der Integralgleichungen übertragen. Es sei zunächst angenommen, daß jene n Funktionen zu einem vollständigen Orthonormalsystem

$$w_1(s),\ w_2(s),\ \ldots,\ w_n(s),\ \ldots \tag{1}$$

gehören. Wir setzen es als *reell* voraus und beschränken die folgenden Betrachtungen auf *reelle* Kerne.

Es ergibt sich zunächst die Frage, wie man die Eigenfunktionen $y = \lambda \, \Re \, y$ durch Linearkombinationen

$$u(s) = \sum_{i=1}^n c_i\, w_i(s) \tag{2}$$

approximieren, d. h. durch welche Forderungen man die Koeffizienten c_i definieren soll. Ist $K(s, t)$ symmetrisch, so ergibt sich aus dem in II, § 8 beschriebenen Variationsprinzip eine einfache Forderung für die Koeffizienten. Sei $\mathfrak{M}$ die Menge aller zulässigen Funktionen und $\mathfrak{M}_n$ die Menge aller Linearkombinationen (2). Dann kann man den Integralausdruck $J(u) = (u, \Re\, u)$ unter der Nebenbedingung variieren, daß die Funktionen u zur Menge $\mathfrak{M}_n$ gehören. Man erhält so eine Variationsaufgabe für die Koeffizienten c_i, die zu Näherungslösungen für Eigenwerte und Eigenfunktionen führt. Auch das Verfahren von Ritz und Galerkin läuft auf ein solches Variationsproblem hinaus. Zu genau den gleichen Näherungslösungen gelangt man auch, wenn man die Eigenelemente des entarteten, reellen und symmetrischen Kerns

$$K_n(s, t) = \sum_{i,k=1}^n a_{ik}\, w_i(s)\, w_k(t) \tag{3}$$

mit den Koeffizienten

$$a_{ik} = (w_i, \Re\, w_k) \tag{4}$$

berechnet. Es ist nämlich $(u, \Re_n u) = J_n(u) = J(u)$ für $u \subset \mathfrak{M}_n$, und es gehören alle Eigenfunktionen von $\Re_n$ zu $\mathfrak{M}_n$.

Genau das gleiche wie $K_n(s, t)$ leistet auch der Kern

$$K_n^*(s, t) = \sum_{i=1}^{n} w_i(s)\, a_i(t) \tag{5}$$

mit den Koeffizientenfunktionen

$$a_i = \Re\, w_i. \tag{6}$$

Man überzeugt sich leicht davon, daß zu K_n^* und K_n die gleichen Eigenelemente gehören. Nur wird K_n^* im allgemeinen nicht symmetrisch sein. In den meisten Fällen wird $\lim\limits_{n \to \infty} K_n^* = K$ im Sinne gleichmäßiger Konvergenz gelten. Es lassen sich dann die Konvergenzsätze des § 27 anwenden, so daß das Verfahren von Ritz und Galerkin zu Näherungen führt, die mit wachsendem n gegen die exakten Lösungen konvergieren.

Setzt man in § 25 $K_n(s, t)$ für $K^*(s, t)$, $\mathfrak{M}_n$ für $\mathfrak{M}^*$ und $f^* = \sum\limits_{i=1}^{n} (f, w_i) w_i$ so sind die Bedingungen (§ 25, 6) bis (§ 25, 9) erfüllt. Daher gelten (§ 25, 5) und (§ 25, 5′) auch für $K_n(s, t)$ und $K(s, t)$. *Die positiven Eigenwerte von $K_n(s, t)$ sind daher größer als die entsprechenden positiven Eigenwerte von $K(s, t)$, und die negativen Eigenwerte von $K_n(s, t)$ sind kleiner als die entsprechenden negativen von $K(s, t)$.* Dabei ist die Gleichheit nicht ausgeschlossen. Dieser Sachverhalt kennzeichnet das Ritz-Galerkin-Verfahren auch bei den Differentialgleichungseigenwertproblemen. (Vgl. [17], S. 236 ff.)

Das bisher Ausgesprochene bezieht sich auf symmetrische Kerne. Bei *unsymmetrischen* Kernen läßt sich der Gedanke, $J(u)$ unter der Nebenbedingung $u \subset \mathfrak{M}_n$ zu variieren, im allgemeinen nicht anwenden, um Näherungen für Eigenwerte und Eigenfunktionen zu berechnen. Aber die Konstruktion des entarteten Kerns $K_n(s, t)$ ist verallgemeinerungsfähig. Die Koeffizienten a_{ik} in (3) machen nämlich den Ausdruck

$$D = \int_0^1 \int_0^1 \left(K(s, t) - \sum_{i,k=1}^{n} a_{ik}\, w_i(s)\, w_k(t) \right)^2 ds\, dt \tag{7}$$

zum Minimum. Die Bestimmung des Minimums führt auf die Formel (4) für a_{ik}, einerlei, ob $K(s, t)$ symmetrisch ist oder nicht. Man kann sogleich noch einen Schritt weitergehen und statt des Orthonormalsystems (1) ein beliebiges System $v_1(s), v_2(s), \ldots$ von reellen Funktionen betrachten und aus seinen n ersten Funktionen einen Kern

$$K_n(s, t) = \sum_{i,k=1}^{n} b_{ik}\, v_i(s)\, v_k(t) \tag{8}$$

mit reellen Koeffizienten b_{ik} konstruieren, derart, daß die Koeffizienten den Ausdruck

$$D^* = \int\limits_0^1 \int\limits_0^1 \left(K(s,t) - \sum_{i,k=1}^n b_{ik}\, v_i(s)\, v_k(t) \right)^2 ds\, dt \qquad (9)$$

zum Minimum machen. Die Eigenfunktionen des Kerns (8) sind Linearkombinationen aus den Funktionen v_i. Die Eigenwerte Λ zu (8) ermitteln sich aus der Determinantengleichung

$$\left\| (v_i, v_k) - \Lambda (v_i, \Re\, v_k) \right\| = 0. \qquad (10)$$

Nach wie vor sind die positiven Eigenwerte des Kerns (8) größer als die positiven Eigenwerte von $K(s,t)$, wenn $K(s,t)$ symmetrisch ist. Für den Fall eines unsymmetrischen Kerns $K(s,t)$ läßt sich dies nicht allgemein behaupten.

Es erhebt sich noch die Frage, wie man die Funktionen $w_i(s)$ oder $v_i(s)$ wählen soll. E. Schwerin [67] benutzt ein Orthonormalsystem von Kreisfunktionen. F. Lösch [43] erhält sehr gute Näherungen mit einem den ersten Eigenfunktionen angepaßten System von Polynomen. Auf seine numerischen Beispiele, die sich aus Raummangel hier nicht wiedergeben lassen, sei ausdrücklich hingewiesen. Sie enthalten auch Vergleiche mit numerischen Beispielen, die von E. Schwerin herrühren. Die Arbeit von F. Lösch knüpft an eine Arbeit von R. Grammel [27] an, der der allgemeine Ansatz (8) zugrunde liegt. Von R. Grammel rührt — wenn auch ohne Beweis — die Bemerkung, daß der Kern $K_n(s,t)$ im Falle eines symmetrischen Kerns $K(s,t)$ die höheren positiven und die niedrigeren negativen Eigenwerte als $K(s,t)$ besitzt.

Die Übertragung des Verfahrens von Ritz-Galerkin auf Integralgleichungen wird auch von N. J. Lehmann ([41], II. Teil) untersucht, insbesondere im Zusammenhang mit Einschließungssätzen, die an den Templeschen Quotienten (vgl. II, § 10) anknüpfen.

Anmerkungen:

1. Geht man mit dem Ansatz $y = \sum\limits_{i=1}^\infty x_i\, w_i(s)$, dessen Funktionen w_i das Orthonormalsystem (1) bilden, in die homogene Integralgleichung $y = \lambda\, \Re\, y$, so gelangt man zu einem System von unendlich vielen linearen Gleichungen $x_i = \lambda \sum\limits_{k=1}^\infty a_{ik} x_k$, $i = 1, 2, \dots$. Solche Transformationen haben seit langem ihren Platz in der Theorie der Integralgleichungen. Die praktische Behandlung eines Systems unendlich vieler Gleichungen mit unendlich vielen Unbekannten erfolgt, soweit bisher bekannt geworden, durch die Lösung der endlichen Systeme $x_i = \lambda \sum\limits_{k=1}^n a_{ik} x_k$; $i = 1, 2, \dots, n$. Das läuft aber auf den Ersatz von $K(s,t)$ durch $K_n(s,t)$ hinaus. In der bereits erwähnten Arbeit [43] wird $K_n(s,t)$ auf diese Weise eingeführt.

2. Das unter 1. aufgeschriebene System unendlich vieler Gleichungen mit unendlich vielen Unbekannten wird von R. C. T. Smith [69] unter der Voraussetzung $a_{ik} = a_{ki}$ an sich untersucht; sowohl die Approximation durch die Lösung der schon erwähnten endlichen Systeme als auch die Auffindung von Einschließungssätzen für die Eigenwerte der unendlichen Matrix (a_{ik}) ist Gegenstand der Arbeit. Die praktische Anwendung der Resultate auf Integralgleichungen dürfte schwierig und nur dann lohnend sein, wenn der Kern $K(s, t)$ geradezu als unendliche Bilinearform der Funktionen $w_i(s)$, $w_k(t)$ eines Orthonormalsystems gegeben ist.

§ 36. Die Lösung der inhomogenen Integralgleichung wird durch eine Linearkombination gegebener Funktionen approximiert.

Wir betrachten die inhomogene Integralgleichung für den Fall, daß der Parameter λ kein Eigenwert ist. Es sei ein Biorthonormalsystem

$$v_1(s), v_2(s), \ldots; \quad w_1(s), w_2(s), \ldots; \quad (v_i, w_k) = \delta_{ik} \tag{1}$$

gegeben und angenommen, daß die Lösung y von $y = \lambda \,\Re\, y + f$ durch eine konvergente Reihe

$$y = \sum_{i=1}^{\infty} c_i v_i \tag{2}$$

darstellbar sei. Es ergeben sich dann die Gleichungen

$$c_i = \lambda \sum_{k=1}^{\infty} a_{ik} c_k + (f, w_i) \qquad \text{für } i = 1, 2, \ldots. \tag{3}$$

mit den Koeffizienten

$$a_{ik} = (w_i, \Re\, v_k). \tag{3'}$$

Es handelt sich um ein inhomogenes System von unendlich vielen linearen Gleichungen mit unendlich vielen Unbekannten. Es soll hier nicht über die Theorie solcher Systeme referiert, sondern nur bemerkt werden, daß die praktische Behandlung solcher Systeme genau so wie im homogenen Falle erfolgt, nämlich durch die Lösung von endlichen Abschnittssystemen

$$c_i = \lambda \sum_{k=1}^{n} a_{ik} c_k + (f, w_i) \qquad \text{für } i = 1, 2, \ldots, n. \tag{4}$$

Mit den aus (4) gefundenen Koeffizienten c_i ergibt sich dann eine Näherungslösung

$$u = \sum_{i=1}^{n} c_i v_i.$$

Die Funktion $u(s)$ genügt aber der Integralgleichung

$$u = \lambda \,\Re_n\, u + f_n \tag{5}$$

mit dem Kern $K_n(s, t) = \sum\limits_{i,k=1}^{n} a_{ik} v_i(s)\, w_k(t)$ und $f_n = \sum\limits_{i=1}^{n} v_i(f, w_i)$. Damit ist erwiesen, daß die Methode der Approximation durch Linearkombinationen gegebener Funktionen auf einen Ersatz des Kerns und der Stör-funktion f hinausläuft. Wenn gewiß ist, daß man die Differenzen $|K - K_n|$ und $|f - f_n|$ mit wachsendem n beliebig klein machen kann, so konvergieren die gefundenen Näherungslösungen mit wachsendem n gegen die exakte Lösung.

Ist vom System (1) nur die Folge v_i gegeben, so kann man an Stelle der Gleichungen (3) die Gleichungen

$$\sum_{i=1}^{\infty} c_i \{(v_i, v_k) - \lambda (v_k, \Re v_i)\} = (f, v_k) \tag{6}$$

für die Koeffizienten c_i aufstellen. Wieder kann man einen endlichen Abschnitt dieses Systems dazu benutzen, um die Koeffizienten c_i einer Näherungslösung $y = \sum_{i=1}^{n} c_i v_i$ zu bestimmen. Auch in diesem Falle läßt sich y als exakte Lösung einer Integralgleichung mit entartetem Kern darstellen. Eine wesentliche Vereinfachung der Gleichungen (6) bringt ein Vorschlag von Enskog [22], der vom System v_i die auf den Inte-graloperator $\Re$ zugeschnittenen Bedingungen

$$(v_i, v_k) - \lambda (v_i, \Re v_k) = \delta_{ik} \quad \text{für alle } i \text{ und } k \tag{7}$$

verlangt. Nach Enskog läßt sich ein solches System gewiß dann kon-struieren, wenn $K(s, t)$ reell, symmetrisch, positiv definit und $|\lambda| < \lambda_1$ ist. Für das System (6) erhält man die Gleichungen

$$c_i = (f, v_i). \tag{7'}$$

L. Collatz [92] schlägt vor, die inhomogene Integralgleichung mittel einer Variationsaufgabe zu behandeln. Für eine Integralglei-chung mit reellem und symmetrischem Kern wird die Variationsaufgabe

$$J(u) = \frac{\lambda}{2} (u, \Re u) + (f, u) - \frac{1}{2} (u, u) = \text{Extr.}$$

formuliert. Zur numerischen Behandlung wird u als Linearkombina-tion $u = \sum_{i=1}^{n} c_i v_i$ aus n linear unabhängigen Funktionen v_i angesetzt. $J(u)$ erscheint als eine Funktion $F(c_1, c_2, \ldots, c_n)$ der Kombinations-koeffizienten. Diese werden durch die Bedingungen $\frac{\partial F}{\partial c_i} = 0$ bestimmt. — Man überzeugt sich leicht davon, daß dieses Vorgehen auf die Gleichung (5) führt, wenn $w_i \equiv v_i$ für alle i gilt, also $(v_i, v_k) = \delta_{ik}$ ist.

Schließlich sei noch bemerkt, daß man unter Umständen mit wenig Rechenarbeit eine Näherungslösung $u = \sum_{i=1}^{n} c_i v_i$ finden kann, indem man die Funktionen $\tilde{v}_i = v_i - \lambda \Re v_i$ berechnet und dann danach trachtet, die Differenz

$$\left| f - \sum_{i=1}^{n} c_i \tilde{v}_i \right|$$

durch passende Wahl der c_i möglichst klein zu machen. Zur Illustration dieser Methode diene das

18. Beispiel:

Sei $y = -3 \Re y + 1$ mit $K(s, t) = \mathrm{Min}\,(s, t)$ nach y aufzulösen. Es handelt sich um die schon im 13. Beispiel behandelte Aufgabe. Man wähle $v_1 \equiv 1$, $v_2 = (1 - s)^2$. Es ist dann $\tilde{v}_1 = 2,5 - 1,5\,v_2$, $\tilde{v}_2 = 0,25 + v_2 - 0,25\,v_2^2$. Als Näherungslösung wähle man $v = \dfrac{1}{3}\,v_1 + \dfrac{2}{3}\,v_2 = \dfrac{1}{3} + \dfrac{2}{3}\,(1 - s)^2$. Sie hat die Eigenschaft, daß die Differenz $f - \tilde{v}$ an den Stellen $s = 0$ und $s = 1$ verschwindet. Im übrigen ist $|f - \tilde{v}| \leq 1/24$. In der anschließenden Tabelle sind y und v für die im 13. Beispiel gewählten Abszissen angegeben.

	$s = 0$	$s = 1 - \dfrac{1}{2}\sqrt{3}$	$s = 1 - \dfrac{1}{3}\sqrt{3}$	$s = 1 - \dfrac{1}{6}\sqrt{3}$	$s = 1$
y	1	0,8071	0,5294	0,3863	0,3431
v	1	0,833 ..	0,555 ..	0,388 ..	0,333 ..

§ 37. $K^*(s, t) = K(s, t)$ für ein Punktgitter.

Während die explizite Form des Ersatzkerns $K^*(s, t)$ in den Verfahren der §§ 35, 36 höchstens zu Konvergenzbetrachtungen und Fehlerabschätzungen erforderlich ist, hat Bateman [2] ein Verfahren ausgearbeitet, um unmittelbar einen Ersatzkern $K^*(s, t)$ zu berechnen, der mit $K(s, t)$ in einem Punktgitter übereinstimmt.

Im Definitionsbereich von $K(s, t)$ seien Gitterpunkte s_i, t_k; $i, k = 1, 2, \ldots, n$ gegeben. Man setze dann

$$\begin{vmatrix} K^*(s, t) & K(s, t_1) & K(s, t_2) & \ldots & K(s, t_n) \\ K(s_1, t) & K(s_1, t_1) & K(s_1, t_2) & \ldots & K(s_1, t_n) \\ \cdot & \cdot & \cdot & \cdot & \cdot \\ K(s_n, t) & K(s_n, t_1) & K(s_n, t_2) & \ldots & K(s_n, t_n) \end{vmatrix} = 0. \qquad (1)$$

Hierdurch ist $K^*(s, t)$ definiert, falls nicht der Faktor, mit dem K^* in der Determinante erscheint, verschwindet. Für den reziproken Kern $\Gamma^*(s, t; \lambda)$ gibt Bateman die Formeln

$$\begin{vmatrix} -\Gamma^*(s, t; \lambda) & K(s, t_1) & \ldots & K(s, t_n) \\ K(s_1, t) & A_{11} & \ldots & A_{1n} \\ \cdot & \cdot & \cdot & \cdot \\ K(s_n, t) & A_{n1} & \ldots & A_{nn} \end{vmatrix} = 0 \qquad (2)$$

$$A_{ik} = K(s_i, t_k) + \lambda\,K^{(2)}(s_i, t_k) \qquad (2')$$

an. Die Eigenwerte von $K^*(s, t)$ bestimmen sich aus der Gleichung

$$|A_{ik}| = 0. \qquad (3)$$

Das folgende numerische Beispiel ist der Arbeit [2] entnommen.

19. Beispiel:

$K(s, t) = s(1 - t)$ für $s \leq t$ und $K(s, t) = t(1 - s)$ für $s > t$. Wie schon früher erwähnt, sind die Eigenwerte $\lambda_k = k^2 \pi^2$ für $k = 1, 2, \ldots$. Bateman wählt $s_k = t_k = K/(n+1)$. Die Eigenwerte des Ersatzkerns seien $\Lambda_k^{(n)}$. Es ist

$$\Lambda_k^{(n)}$$

	$k = 1$	$k = 2$	$k = 3$	$k = 4$	$k = 5$
$n = 1$	12				
$n = 3$	10,37	48,13	126,13		
$n = 5$	10,09	43,20	108	216	355,2

Die Näherungswerte müssen als grob bezeichnet werden.

§ 38. Die Analogiemethoden.

Bekanntlich hat Fredholm eine Theorie der inhomogenen Integralgleichung $y = \lambda \, \Re \, y + f$ durch Grenzübergang aus einem System von n Gleichungen mit n Unbekannten

$$F_i = \lambda \sum_{k=1}^{n} K_{ik} F_k \, h + f_i, \quad h = 1/n; \quad i = 1, 2, \ldots, n \tag{1}$$

entwickelt, wobei $f_i = f(i\,h)$ und $K_{ik} = K(i\,h, k\,h)$ gesetzt ist. Die Unbekannten F_i liefern Näherungswerte für die Ordinaten $y(i\,h)$ der gesuchten Lösung $y(s)$. Man kann aus ihnen eine Polygonfunktion konstruieren, die an den Stellen $i\,h$ mit den gefundenen F_i übereinstimmt und im übrigen linear zwischen benachbarten Gitterpunkten $i\,h$ und $(i + 1)\,h$ verläuft. Diese Polygonfunktion kann als Näherung für die Lösung $y(s)$ angesehen werden.

Mit den homogen gemachten Gleichungen (1), nämlich

$$F_i = \lambda \sum_{k=1}^{n} K_{ik} F_k \, h, \quad i = 1, 2, \ldots, n \tag{2}$$

beginnt D. Hilbert [33] eine Theorie der Eigenwerte und Eigenfunktionen eines reellen und symmetrischen Kerns. Die Gleichungen (2) sind nur dann nichttrivial lösbar, wenn ihre Determinante

$$d_n(\lambda) = \|\delta_{ik} - \lambda \, h \, K_{ik}\| = 0 \tag{3}$$

ist. Unter der Voraussetzung der Stetigkeit, Realität und Symmetrie von $K(s, t)$ beweist Hilbert als Hilfssatz das Ergebnis (II, § 6, 3),

$$\lim_{n \to \infty} \Lambda_k^{(n)} = \lambda_k$$

für die nach (II, § 6) geordneten Eigenwerte von $K(s, t)$ und die Nullstellen $\Lambda_k^{(n)}$ von $d_n(\lambda)$. Wegen der Symmetrie $K_{ik} = K_{ki}$ sind alle $\Lambda_k^{(n)}$ reell.

Die Lösung von (3) liefert Näherungen für die Eigenwerte. Es ist daher zu erwarten, daß die zugehörigen Lösungen $F_1, \ldots, F_n$ Näherungen für die Ordinaten der Eigenfunktionen bilden.

Die Ansätze von Fredholm und Hilbert lassen sich verallgemeinern. Mit Bezug auf ein beliebiges System von Abszissen

$$0 \leq x_1 < x_2 < \ldots < x_n \leq 1 \tag{4}$$

und ein System positiver Gewichte

$$p_1 > 0, \; p_2 > 0, \ldots p_n > 0 \tag{5}$$

kann man analog zu (1) das Gleichungssystem

$$F_i = \Lambda \sum_{k=1}^{n} K_{ik} F_k \, p_k + f_i; \quad K_{ik} = K(x_i, x_k), \; f_i = f(x_i) \tag{6}$$

aufstellen. Um Näherungen für Eigenwerte und Eigenfunktionen zu finden, hat man das homogene System

$$F_i = \Lambda \sum_{k=1}^{n} K_{ik} F_k \, p_k, \quad i = 1, 2, \ldots, n \tag{7}$$

zu betrachten. Der praktische Erfolg hängt wesentlich von der Wahl der speziellen Abszissen und Gewichte, d. h. von ihrer Anpassung an den Kern $K(s, t)$ ab. Will man äquidistante Abszissen verwenden, so kann man die bekannten Formeln wie z. B. die Trapezregel[1]) oder die Simpsonsche Regel verwenden oder die auf Newton, Cotes und Laurin zurückgehenden Formeln benutzen. (Vgl. auch F. A. Willers [86] und Runge-König [59].) — W. Prager [54] benutzt eine Tschebyscheffsche 5-Ordinatenformel. Er findet eine befriedigende Übereinstimmung zwischen der Näherungslösung und der exakten, die sich als Wirbelbelegung der Berandung eines Körpers von elliptischem Querschnitt (Achsenverhältnis 1:2) ergibt, der einer ebenen Potentialströmung ausgesetzt ist. An ähnliche Probleme knüpft auch E. J. Nyström ([50]—[53]) an. Zur Behandlung der inhomogenen Integralgleichung benutzt er nichtäquidistante Abszissen in Verbindung mit Quadraturformeln von Gauß und Lobatto [49]. Bei gemischten Problemen nach (I, § 1) empfiehlt er, die darin vorkommenden Abszissen in das System (4) aufzunehmen. Auch Abszissen, für die der Wert der gesuchten Lösung schon irgendwie bekannt ist, sollen in das System (4) einbezogen werden. Sind alle Abszissen (4) frei verfügbar,so empfiehlt Nyström die bekannten Quadraturformeln von Gauß. Seine numerischen Beispiele bestätigen dieses Vorgehen; das mag daran liegen, daß die Integralgleichungen, die Nyström behandelt, einen analytischen Kern besitzen.

Für Volterrasche Integralgleichungen und allgemeiner für solche, deren Kern Unstetigkeiten der Ableitungen längs der Geraden $s = t$ aufweist, schlägt Nyström vor, den Kern in den beiden Gebieten $s \leq t$ und $s \geq t$ durch zwei analytische, insbesondere ganze rationale Funktionen $K'(s, t)$ bzw. $K''(s, t)$ zu approximieren, die Differenz $L = K' - K''$ ein-

---

1) In Verbindung mit Relaxation bei F. S. Shaw [68].

zuführen und die Gleichungen

$$y(s) = \lambda \int_0^1 K'(s, t)\, y(t)\, dt + \lambda \int_0^s L(s, t)\, y(t)\, dt + f(s) \qquad (8)$$

$$y(s) = \lambda \int_0^1 K'(s, t)\, y(t)\, dt - \lambda \int_s^1 L(s, t)\, y(t)\, dt + f(s) \qquad (9)$$

zu behandeln. Jede der Gleichungen enthält ein bestimmtes und ein unbestimmtes Integral. Es werden n Gau ßsche Abszissen $x_1, \ldots, x_n$ und eventuell zusätzlich m Abszissen $x_{n+1}, \ldots, x_{n+m}$ gewählt. Die beiden bestimmten Integrale werden durch Linearkombinationen von Ordinaten an den Stellen $x_1, \ldots, x_n$ entsprechend einer Gau ßschen Formel ersetzt. — Bei den unbestimmten Integralen wird der Integrand $L(s, t)\, y(t)$ durch ein Lagrangesches Interpolationspolynom vom Grade $(n + m - 1)$ in t approximiert. Die unbestimmten Integrale über die Ersatzpolynome werden berechnet. Auf diese Weise gelangt man sowohl von (8) wie von (9) zu einem System von n Gleichungen mit n Unbekannten. Nyström nimmt dann von dem aus (8) erhaltenen System die Gleichungen für $x_i \leq 1/2$ und vom anderen System die Gleichungen für $x_i > 1/2$. Beide Teilsysteme ergeben ein neues System von n Gleichungen mit n Unbekannten, das nunmehr endgültig zur Berechnung von Ordinaten einer Näherungslösung benutzt wird. Hieran lassen sich noch Korrekturen anschließen. Immerhin dürfte der Aufwand an Rechenarbeit so beträchtlich sein, daß es sich fragt, ob das Vorgehen mit Hilfe Gau ßscher Quadraturformeln noch sinnvoll ist, wenn $K(s, t)$ die genannten Unstetigkeiten aufweist.

H. Bückner ([9], 1. Mitteilung) stellt Untersuchungen über das asymptotische Verhalten (große n) allgemeiner Quadraturformeln an. Die Abszissen (4) und Gewichte (5) mögen noch von n abhängen, d. h. für jeden Wert von n besonders definiert sein. Dann ist die Zahl

$$r_n f = \sum_{j=1}^n f_j\, p_j - \int_0^1 f\, ds$$

für jeden Wert von n mit Bezug auf eine gegebene Funktion $f(s)$ definiert. Es handelt sich um den Fehler der numerischen Quadratur, den die Benutzung der zum gegebenen n gehörigen Abszissen und Gewichte hervorruft. Es sei $\varphi(n)$ eine willkürlich definierte positive Funktion für alle natürlichen Zahlen n; sie soll mit wachsendem n über alle Grenzen wachsen. Dann gehört zu $\varphi(n)$ mindestens eine ϱ-mal stetig differenzierbare Funktion $f(s)$, für die **nicht**

$$\lim_{n \to \infty} \varphi(n)\, n^\varrho \cdot r_n f = 0 \qquad (10)$$

sein kann. Wie schwach also auch $\varphi(n)$ gegen Unendlich wachse, stets existiert eine solche Ausnahmefunktion $f(s)$. Das bedeutet aber, daß die Ordnung des Fehlers $r_n f$ nicht zugleich für alle ϱ-mal stetig differenzierbaren Funktionen unter $n^{-\varrho}$ gedrückt werden kann. Dies gilt insbesondere auch für Gau ßsche Abszissen und Gewichte. Wenigstens asymptotisch bringt also das Verfahren von Gauß keinen Vorteil gegenüber anderen Verfahren, die zum Fehler $r_n f$ von der Größenordnung $n^{-\varrho}$ führen. Die Differenzierbarkeit der Funktion $f(s)$ ist also ganz wesentlich bei der Auswahl eines Quadraturverfahrens zu berücksichtigen. Eine Formel, die zur

Fehlerordnung $n^{-\varrho}$ bei allen ϱ-mal stetig differenzierbaren Funktionen führt, wird in § 40 beschrieben werden.

Für die Behandlung Volterrascher Integralgleichungen

$$y(s) = \lambda \int\limits_0^s K(s, t)\, y(t)\, dt + f(s)$$

benutzt A. Huber [36] ein numerisches Verfahren, bei dem y im Integral durch eine Polygonfunktion ersetzt wird. Für die Abszissen $x_k = kh$ ergeben sich die Gleichungen

$$F_0 = f_0,\ F_k = \lambda \sum_{i=1}^k \int\limits_{x_{i-1}}^{x_i} K(x_k, t)\, \{(x_i - t) F_{i-1} + (t - x_{i-1}) F_i\} \frac{dt}{h} + f_k \quad (11)$$

für $k = 0, 1, 2, \ldots, n$. Um sie für die numerische Rechnung aufzubereiten, werden die Integrale

$$\varphi_i^{(k)} = \int\limits_0^{x_i} K(x_k, t)\, dt, \qquad \psi_i^{(k)} = \int\limits_0^{x_i} t\, K(x_k, t)\, dt \quad (12)$$

berechnet. Mit der Abkürzung

$$A_i^{(k)} = \psi_i^{(k)} - \psi_{i-1}^{(k)} - h\, [(i-1)\, (\varphi_i^{(k)} - \varphi_{i-1}^{(k)}) + \varphi_i^{(k)} - \varphi_k^{(k)}]; \quad 1 \le i \le k$$

ergeben sich die Gleichungen

$$\sum_{i=1}^k \left(1 - \frac{\lambda}{h} A_i^{(k)}\right) (F_i - F_{i-1}) = f_k + f_0\, (\lambda\, \varphi_k^{(k)} - 1); \quad k = 1, 2, \ldots, n. \quad (13)$$

Handelt es sich um einen *Differenzkern* $K(s, t) = K(s - t)$, so wird

$$\varphi_i^{(k)} = S_k - S_{k-i}, \quad \psi_i^{(k)} = x_k \varphi_i^{(k)} + T_{k-i} - T_k$$

mit $\qquad S_i = \int\limits_0^{x_i} K(s)\, ds \qquad$ und $\qquad T_i = \int\limits_0^{x_i} s\, K(s)\, ds$.

Das Verfahren ist nicht auf Volterrasche Gleichungen beschränkt, sondern läßt sich auch auf die allgemeine Gleichung (I, § 1, 1) anwenden.

Es wurde schon eingangs erwähnt, daß man aus den berechneten Ordinaten F_i Polygonfunktionen konstruieren kann, um die Lösung der inhomogenen Integralgleichung oder auch ihrer Eigenfunktionen zu approximieren. Nyström (vgl. seine oben zitierten Arbeiten) schlägt noch einen anderen Weg vor. Er bildet die Funktion

$$F(s) = \lambda \sum_{i=1}^n K(s, x_i)\, F_i\, p_i + f(s), \quad (14)$$

die in den Abszissen (4) mit den berechneten Ordinaten F_i übereinstimmt. Es handelt sich um eine Interpolation nach dem Gesetz des Kerns $K(s, t)$. Beim Kern $K(s, t) = \text{Min}\,(s, t)$ führt dies auf eine Polygonfunktion $F(s)$. Die Funktion $F(s)$ ist also nicht notwendig glatt, auch wenn die exakte Lösung $y(s)$ es ist.

§ 39. Konvergenzbetrachtungen zu den Analogiemethoden.
Formale Analogie zur Störungsrechnung.

Die allgemeinsten Gleichungen (§ 38, 6, 7) werden von H. Bückner [10] untersucht. Er führt neue Abszissen

$$\xi_k = P_n \sum_{i=1}^{k} p_i; \quad \xi_0 = 0; \quad \text{mit } P_n^{-1} = \sum_{i=1}^{n} p_i \tag{1}$$

und ein Orthogonalsystem von n Funktionen

$$u_k(s) = 1 \text{ für } \xi_{k-1} \leq s < \xi_k; \quad k = 1, 2, \ldots, n \tag{2}$$

$$u_k(s) = 0 \text{ für alle anderen } s$$

ein. Mit ihrer Hilfe wird der Störfunktion $f(s)$ die Treppenfunktion

$$f_n(s) = \sum_{i=1}^{n} f(x_i) u_i(s) \tag{3}$$

zugeordnet und der entartete Kern

$$K_n(s, t) = P_n^{-1} \sum_{i,k=1}^{n} K_{ik} u_i(s) u_k(t), \quad K_{ik} = K(x_i, x_k) \tag{4}$$

definiert. Der Lösung $F_1, \ldots, F_n$ der Gleichungen (§ 38, 6 und 7) kann man die Treppenfunktion

$$F_n(s) = \sum_{i=1}^{n} F_i u_i(s) \tag{5}$$

zuordnen. Dann sind jene Gleichungen vollkommen äquivalent mit der Integralgleichung

$$F_n(s) = \Lambda \int_0^1 K_n(s, t) F_n(t) \, dt + f_n(s). \tag{6}$$

Die Lösung von (6) im homogenen oder inhomogenen Falle liefert eine Linearkombination (5) der Funktionen $u_i(s)$ mit Koeffizienten, die den Gleichungen (§ 38, 6 und 7) genügen.

Die Zuordnung (3) werde mit Hilfe eines Operators $\mathfrak{P}_n$ in der Form $f_n = \mathfrak{P}_n f$, der Kern $K_n(s, t)$ durch den Integraloperator $\mathfrak{K}_n$ dargestellt. Ferner sei

$$\mathfrak{L}_n = \mathfrak{P}_n \mathfrak{K} - \mathfrak{K}_n \mathfrak{P}_n$$

gesetzt. Dann folgt aus $y = \lambda \mathfrak{K} y + f$ zunächst

$$\mathfrak{P}_n y = \lambda \mathfrak{K}_n \mathfrak{P}_n y + \mathfrak{P}_n f + \lambda \mathfrak{L}_n y. \tag{7}$$

Diese Gleichung werde von (6) abgezogen. Man findet für $\Lambda = \lambda$

$$F_n - \mathfrak{P}_n y = \lambda \mathfrak{K}_n (F_n - \mathfrak{P}_n y) - \lambda \mathfrak{L}_n y. \tag{8}$$

Um hieran Konvergenzaussagen anschließen zu können, sind Voraussetzungen über die in § 38 eingeführten Abszissen und Gewichte erforderlich. Es ist naheliegend, wenigstens die Bedingung

$$\lim_{n \to \infty} r_n f = 0$$

für alle stetigen Funktionen f einzuführen, wo $r_n f$ der in § 38 erklärte Quadraturfehler ist. Werden ferner $f(s)$ und $K(s, t)$ als *stetig* angenommen, so ergibt sich — wie in [10] bewiesen wird —

$$\lim_{n \to \infty} K_n(s, t) = K(s, t) \quad \text{und} \quad \lim_{n \to \infty} \mathfrak{P}_n f = f \tag{9}$$

im Sinne gleichmäßiger Konvergenz. Es dürfen daher die Konvergenzsätze des § 27 angewendet werden; das bedeutet, daß die Analogiemethode sowohl für die Lösung der inhomogenen Integralgleichung als auch für die Eigenwerte und Eigenfunktionen Näherungslösungen liefert, die mit wachsendem n und eventuell unter Beschränkung auf Teilfolgen gegen die exakten Daten der gegebenen Integralgleichung konvergieren. Insbesondere ist damit gezeigt, daß der Hilbertsche Hilfssatz (§ 38) auch im Falle allgemeinerer Quadraturformeln gilt. Aus (9) folgt ferner

$$\lim_{n \to \infty} \mathfrak{L}_n g = 0 \tag{10}$$

für jede stetige Funktion $g(s)$ im Sinne gleichmäßiger Konvergenz. Die Relationen (8) und (10) lassen vermuten, daß der Grad der Konvergenz der Näherungslösungen im wesentlichen vom Grad der Konvergenz in (10) abhängt. Um dies näher zu untersuchen, sei die Existenz einer positiven Funktion $\psi(n)$ angenommen, die mit wachsendem n über alle Grenzen wächst und die Konvergenz

$$\lim_{n \to \infty} \psi(n)\, \mathfrak{L}_n g = \mathfrak{L} g; \quad g \subset \mathfrak{M} \tag{11}$$

gleichmäßig für die Funktionen g einer Menge $\mathfrak{M}$ zulässiger Funktionen ermöglicht. Die Teilmenge $\mathfrak{M}$ der zulässigen Funktionen möge die Lösung der inhomogenen Integralgleichung und deren Eigenfunktionen enthalten. Dann definiert (11) einen auf $\mathfrak{M}$ anwendbaren linearen Operator $\mathfrak{L}$. Es sei noch vorausgesetzt, daß die Funktionen $\mathfrak{L} g$ wieder zulässig sind. Die Konvergenz (11) möge gleichmäßig für das Intervall $0 \leq s \leq 1$ erfolgen.

Sei λ kein Eigenwert. Dann werde (8) mit $\psi(n)$ multipliziert und anschließend der Grenzübergang $n \to \infty$ vollzogen. Mittels der Konvergenzsätze des § 27 findet man

$$\lim_{n \to \infty} \psi(n)\, (F_n - \mathfrak{P}_n y) = \eta(s) = \lambda \mathfrak{K} \eta - \lambda \mathfrak{L} y. \tag{12}$$

mit $y = \lambda \, \Re \, y + f$. Man darf also

$$F_n(s) \approx \mathfrak{P}_n \, y + \psi(n)^{-1} \, \eta(s) \tag{13}$$

schreiben. Diese Formel läßt eine **Analogie** zur Störungsrechnung erkennen. Betrachtet man das gestörte Problem

$$y = \lambda(\Re - \varepsilon \, \mathfrak{L}) \, y + f \tag{14}$$

und wendet man — einerlei ob dies gestattet ist oder nicht — die Rekursionsformel des § 32 an, so findet man

$$y(\varepsilon) = y + \varepsilon \, \eta + \cdots \tag{15}$$

Mit $\varepsilon = \psi(n)^{-1}$ offenbart sich die behauptete Analogie.

Diese formale Analogie erscheint auch bei den Eigenwerten und Eigenfunktionen der Gleichung $F_n = \lambda \, \Re_n F_n$, wenn $\Re$ ein Hermitescher Integraloperator ist. Dann ist auch $\Re_n$ Hermitesch. Ist λ ein einfacher Eigenwert von $\Re$ und $\varLambda^{(n)}$ ein Eigenwert von $\Re_n$, so daß $\lim_{n \to \infty} \varLambda^{(n)} = \lambda$ ist, so gilt

$$\lim_{n \to \infty} \psi(n) \, (\lambda - \varLambda^{(n)}) = - \lambda^2 (\mathfrak{L} \, y, \, y) = \omega \tag{16}$$

mit $(y, y) = 1$ und $y = \lambda \, \Re \, y$. Für die zu $\varLambda^{(n)}$ gehörige Lösung $F_n = \varLambda^{(n)} \, \Re_n F_n$ gilt bei passender Normierung $(F_n, F_n) = 1$

$$\lim_{n \to \infty} \psi(n) \, (F_n - \mathfrak{P}_n \, y) = \eta(s) = - \Re \, \mathfrak{L} \, y, \tag{17}$$

wobei $\Re$ der aus $\Re$ abgeleitete Operator

$$\Re = \left(\frac{1}{\lambda} - \mathfrak{B}\right)^{-1} (1 - \lambda \, \mathfrak{A})$$

und $\Re = \mathfrak{A} + \mathfrak{B}$ die auf λ bezogene Zerlegung (I, § 3, 7) ist. Entsprechende Konvergenzaussagen gelten für mehrfache Eigenwerte in getreuer Analogie zu den Formeln der Störungsrechnung. Hinsichtlich der Einzelheiten und der Beweise sei auf die Arbeit [10] verwiesen.

§ 40. Anwendung der Konvergenzaussagen.

Es sei

$$h = 1/n \quad \text{und} \quad x_k^{(n)} = x_k = (k - \tfrac{1}{2}) \, h \quad \text{für } k = 1, 2, \ldots n \tag{1}$$

gesetzt. Dieses spezielle System von Abszissen soll allen Anwendungen dieses Paragraphen zugrunde gelegt werden. Es existieren nun Zahlen $\vartheta_1^{(m)}, \vartheta_2^{(m)}, \ldots, \vartheta_m^{(m)}$, so daß für $n \geq m$

$$\int_0^1 f(s) \, ds = \sum_{i=1}^{n} f_i \, h + \sum_{i=1}^{m} \vartheta_i^{(m)} \, (f_i + f_{n-i+1}) \, h \tag{2}$$

für alle Polynome $f(s)$ bis zum Grade $(m-1)$ richtig ist. Rechts steht eine von Laplace eingeführte Quadraturformel, nur daß in der älteren Literatur die zweite Summe durch eine Linearkombination von Differenzen von f ausgedrückt wird. Die Kombinationskoeffizienten sind von Clausen (vgl. [9], II. Teil) berechnet worden. Die ersten $\vartheta_i^{(m)}$ stehen in der folgenden Tabelle:

		$m=1$	$m=2$	$m=3$	$m=4$
$\vartheta_i^{(m)}$	$i=1$	0	$\dfrac{1}{24}$	$\dfrac{1}{12}$	$\dfrac{1}{8}-\dfrac{17}{5760}$
	$i=2$		$-\dfrac{1}{24}$	$-\dfrac{1}{8}$	$-\dfrac{1}{4}+\dfrac{51}{5760}$
	$i=3$			$\dfrac{1}{24}$	$\dfrac{1}{6}-\dfrac{51}{5760}$
	$i=4$				$-\dfrac{1}{24}+\dfrac{17}{5760}$

Im folgenden sei

$$\sum_{i=1}^{n} f_i\, h + \sum_{i=1}^{m} \vartheta_i^{(m)}(f_i + f_{n-i+1})\, h = \sum_{i=1}^{n} f_i\, p_i^{(n,\,m)} \tag{3}$$

gesetzt, wodurch Gewichte $p_i^{(n,\,m)}$ eindeutig definiert werden. Es ist anzunehmen, daß alle Gewichte $p_i^{(n,\,m)}$ positiv sind. Mit Sicherheit trifft dies bis zu $m=4$ zu.

Es sei jetzt $H(s,t)$ eine für $0 \leq s, t \leq 1$ definierte, mit stetigen partiellen Ableitungen nach t bis zur m. Ordnung versehene Funktion. Dann gilt (vgl. [9], II. Teil)

$$\lim_{n\to\infty} \left\{ \int_0^1 H(s,t)\, dt - \sum_{i=1}^{n} H(s, x_i)\, p_i^{(n,\,m)} \right\} n^m = 0 \tag{4}$$

gleichmäßig in s. Es ist nützlich, in diesem Zusammenhang den Fall zu betrachten, daß die partiellen Ableitungen

$$D_k H = \frac{\partial^k H}{\partial t^k}$$

stetige Funktionen in s und t bis zu $k=m-2$ sind, daß aber D_{m-1} und D_m nur in den Dreiecken $s \leq t$ und $s \geq t$ stetig in s und t sind, so daß ein Sprung

$$\sigma(s) = D_{m-1} H(s, s+0) - D_{m-1} H(s, s-0),\ 0 < s < 1 \tag{5}$$

vorkommen kann. Jetzt gilt mit $B_m = B_m(0)$ als m. Bernoullischer Zahl

$$\lim_{n\to\infty} \left\{ \int_0^1 H(x_k, t)\, dt - \sum_{i=1}^{n} H(x_k, x_i)\, p_i^{(n,\,m)} - h^m \sigma_k \frac{B_m}{m!} \right\} \cdot n^m = 0 \tag{6}$$

gleichmäßig für jedes Intervall $0 < a \leq x_k \leq b < 1$. Eine Änderung ist notwendig, wenn die Gleichmäßigkeit für das ganze Intervall $0 \leq s \leq 1$ verlangt wird. Man bestimme gewisse Zahlen $\gamma_k^{(n)}$ durch

$$\sum_{i=1}^{n} \gamma_i^{(n)} u_i = \sum_{k=1}^{m-1} \tau_k^{(n)} \left(u_k + (-1)^m u_{n-k+1} \right) \quad \text{und} \tag{7}$$

$$(m-1)! \, \tau_k^{(n)} = \sum_{\nu=k+1}^{m} (\nu - k)^{m-1} \vartheta_\nu^{(m)} \quad \text{für } k < m, \tag{8}$$

wobei (7) die Identität zweier Linearformen in den Unbestimmten u_i zum Ausdruck bringt. Die Zahlen $\gamma_k^{(n)}$ sind nur für $k < m$ und für $n - m + 1 < k$ von Null verschieden. Man addiere $h^m \sigma_k \gamma_k^{(n)}$ zur geschweiften Klammer in (6). Dann gilt (6) gleichmäßig für $0 \leq x_k \leq 1$.

Dies vorausgeschickt, sei der Grad der Konvergenz der Gleichung (§ 39, 6)

$$F_n(s) = \Lambda \, \mathfrak{R}_n \, F_n + \mathfrak{P}_n \, f$$

für die durch (1) und (3) definierten Abszissen und Gewichte untersucht. Wir setzen $H(s, t) = K(s, t) \, y(t)$, wobei y im inhomogenen Falle die Lösung der Integralgleichung (I, § 1, 1) und im homogenen Falle eine ihrer Eigenfunktionen darstellen soll. Soweit es sich im folgenden um Eigenwerte und Eigenfunktionen handelt, soll $\mathfrak{R}$ als Hermitescher Integraloperator angesehen werden. Besitzen $f(s)$ und $K(s, t)$ stetige Ableitungen nach s und t bis zur m. Ordnung, so auch $H(s, t)$. Mit $\psi(n) = n^m$ ist dann

$$\lim_{n \to \infty} n^m \, \mathfrak{L}_n \, y = 0; \quad \mathfrak{L}_n = \mathfrak{P}_n \, \mathfrak{R} - \mathfrak{R}_n \, \mathfrak{P}_n \,.$$

Es ist also $\mathfrak{L} \, g \equiv 0$ für den in § 39 definierten Operator $\mathfrak{L}$ zu setzen. Demnach ist auch $\eta(s) \equiv 0$ in (§ 39, 12 und 17) und $\omega = 0$ in (§ 39, 16). Gelten für $K(s, t)$ und $K(t, s)$ die gleichen Voraussetzungen wie für $H(s, t)$ in (5), so setzen wir

$$\tau(s) = D_{m-1} K(s, s + 0) - D_{m-1} K(s, s - 0). \tag{9}$$

Es ist dann $\sigma(s) = \tau(s) \, y(s)$; denn y ist nach wie vor m-mal stetig differenzierbar, wenn $f(s)$ es ist. Aus (6) folgt

$$\lim_{n \to \infty} n^m \, \mathfrak{L}_n \, y = \mathfrak{L} \, y = \frac{B_m \, \tau \, y}{m!} \,. \tag{10}$$

Die Konvergenz erfolgt gleichmäßig in jedem die Punkte $s = 0$ und $s = 1$ nicht enthaltenden abgeschlossenen Intervall. Trotz dieser Einschränkung der Gleichmäßigkeit sind aber die Formeln des § 39 anwendbar. Man erhält jetzt z. B.

$$\lim_{n \to \infty} n^m \left(\lambda - \Lambda^{(n)} \right) = \omega = -\lambda^2 \frac{B_m}{m!} (\tau \, y, \, y) \quad \text{für (§ 39, 16).} \tag{11}$$

Der jeweilige Grenzwert ist also zu übersehen, und man kann daraufhin die Näherungswerte verbessern. Beispielsweise kann man in

$$\varLambda^{*(n)} = \varLambda^{(n)} - \varLambda^{(n)2} \cdot h^m \cdot \frac{B_m}{m!}\tau^*, \qquad \tau^* \text{ ein Mittelwert von } \tau, \qquad (12)$$

einen Näherungswert für λ sehen, der im allgemeinen wesentlich näher an λ herankommt als $\varLambda^{(n)}$. Statt diese Korrektur vorzunehmen, kann man auch das Analogieverfahren direkt verbessern, indem man die Gleichungen

$$F_k = \varLambda \sum_{i=1}^{n} K_{ki}\, p_i^{(n,\,m)}\, F_i + \varLambda\, h^m\, \frac{B_m}{m!}\, \tau_k\, F_k \qquad (13)$$

oder

$$F_k = \varLambda \sum_{i=1}^{n} K_{ki}\, p_i^{(n,\,m)}\, F_i + \varLambda\, F_k \left(\frac{B_m}{m!} - \gamma_k^{(n)}\right) \tau_k\, h^m \qquad (14)$$

benutzt. Für die Grenzwerte $\eta(s)$ und ω kommt dann Null heraus. Hinsichtlich der Beweise und weiterer Verallgemeinerungen des Analogieverfahrens sei auf [10] verwiesen.

Für Volterrasche Integralgleichungen wird in [58] ein Analogieansatz gegeben und ein Grenzwert zur Verbesserung der Lösung benutzt.

20. Beispiel:

Anwendung der Gleichungen (14) auf den Kern $K(s, t) = \mathrm{Min}\,(s, t)$ zum Berechnen der Eigenwerte. Es sei $n = 4$ gewählt. Es ist $m = 2$, $B_2 = 1/6$, $\tau(s) = -1$, $p_1 = p_4 = 25/24$, $p_2 = p_3 = 23/24$, $\gamma_1^{(4)} = -1/24$. Mit $x\varLambda = 32$, $c = 24x/25 + 6/25$ und $d = 24x/23 + 4/23$ erhält man die Gleichung

$$\begin{vmatrix} 1 - c & 1 & 1 & 1 \\ 1 & 3 - d & 3 & 3 \\ 1 & 3 & 5 - d & 5 \\ 1 & 3 & 5 & 7 - c \end{vmatrix} = 0$$

für x und damit für $\varLambda$. Für $c = d = \dfrac{32}{\varLambda}$ liefert diese Gleichung die Näherungswerte, die sich durch Anwenden der Trapezregel (Abszissen (1) und alle Gewichte $p_i = h$) ergeben würden. Die folgende Tabelle läßt die Brauchbarkeit der Gleichungen (14) erkennen. Die Tabelle enthält zum Vergleich Näherungseigenwerte anderer Analogieverfahren, wie sie in einem numerischen Beispiel in [34], S. 51 zusammengestellt sind. Auch bei den Vergleichswerten ist das Grundintervall in vier gleiche Teile geteilt und mit vier Ordinaten für die Teilintervallmittelpunkte und fünf Ordinaten für die Teilintervallendpunkte gerechnet worden. Statt der Eigenwerte sind die Wurzeln aus ihnen (exakt die Zahlen $(2n - 1)\,\pi/2$) tabelliert worden.

n	$\sqrt{\lambda_n}$	Trapez-regel	Simpson-sche Regel	N	T	(14)
1	1,571	1,560	1,556	1,556	1,564	1,573
2	4,712	4,444	4,280	4,208	4,520	4,763
3	7,854	6,65	7,33	7,71	7,06	7,868
4	10,996	7,84	8,34	8,77	9,04	10,156

Die Spalte N ist nach einer Newtonschen, die Spalte T nach einer Tschebyscheffschen 5-Ordinatenformel berechnet. Die Spalte (14) enthält Näherungswerte, die sich aus den Gleichungen (14) ergeben. Diese Näherungswerte sprechen für sich.

Es dürfte keine Schwierigkeit bereiten, das Verfahren (14) auf die Abszissen $k\,h, k = 0, 1, 2, \ldots, n$ zu übertragen.

Anmerkung:

Es dürfte sich lohnen, Fehlerabschätzungen für die Näherungen, die sich aus der Anwendung von Analogieverfahren ergeben, zu entwickeln. Für die Berechnung eines einfachen Eigenwerts gilt z. B. mit den in § 39 eingeführten Bezeichnungen für einen Hermiteschen Operator $\mathfrak{K}$

$$(\lambda - \Lambda^{(n)})\,(\mathfrak{K}_n\,\mathfrak{P}_n\,y,\,\bar{F}_n) = -\lambda(\mathfrak{L}_n\,y,\,\bar{F}_n).$$

Sind Schranken

$$\left|(\mathfrak{K}_n\,\mathfrak{P}_n\,y,\,\bar{F}_n)\right| \geq C_1, \qquad \left|(\mathfrak{L}_n\,y,\,\bar{F}_n)\right| \leq C_2, \qquad |\lambda| \leq C_3$$

bekannt, so ist

$$\left|\lambda - \Lambda^{(n)}\right| \leq \frac{C_3\,C_2}{C_1}.$$

Die Schranken C_1 und C_2 wird man unter Benutzung der Normierungen $(y, y) = 1$, $(F_n, \bar{F}_n) = 1$ berechnen können. Für die Berechnung geeigneter Schranken C_1 für den absolut kleinsten Eigenwert könnten Untersuchungen von H. Bückner [11] angewendet werden.

V. Abschnitt.

Spezielle Kerne.

Im IV. Abschnitt wurden die auf einen Ersatz des Kerns hinauslaufenden Methoden behandelt. Insbesondere wurde der Fall des entarteten Ersatzkernes berücksichtigt. Es gibt noch andere Typen von Kernen, die nicht nur für Ersatzmethoden in Frage kommen, sondern auch einfache Mittel zu ihrer praktischen Behandlung zulassen. Hiervon handelt dieser Abschnitt. Vorweg sei noch auf eine Arbeit von U. Hellsten [31] hingewiesen, in der die Fredholmschen Determinanten für spezielle Kerne berechnet sind.

§ 41. Kerne $K(s, t)$ mit verschiedenen Bildungsgesetzen
in den Bereichen $s \leq t$ und $s > t$.

P. Mönnig [47], [48] untersucht Integralgleichungen, deren Kern $K(s, t)$ verschiedene Bildungsgesetze im Bereich $s \leq t$ (im folgenden Bereich I genannt) und im Bereich $s > t$ (im folgenden Bereich II genannt) befolgen. Die Arbeit [47] bezieht sich auf Produktkerne

$$K(s, t) = \varphi_0(s)\,\psi_0(t) \quad \text{für I} \quad \text{und} \quad K(s, t) = \psi_0(s)\,\varphi_0(t) \quad \text{für II}. \tag{1}$$

Die Funktionen φ_0 und ψ_0 sollen im Intervall $\langle 0, 1\rangle$ definiert, gleichmäßig beschränkt und integrabel sein. Sind sie zusammen mit der Störfunktion f zweimal stetig differenzierbar, so entspricht die Integralgleichung (I, § 1, 1) einem selbstadjungierten Randwertproblem für eine Differentialgleichung 2. Ordnung. Hiervon gilt auch die Umkehrung. An die Darstellung (I, § 2, 12) anknüpfend, in der $\Gamma(\lambda)$ als Quotient zweier Potenzreihen mit vorgegebener Nennerreihe erscheint, definiert Mönnig zwei Folgen von Funktionen $\varphi_1, \varphi_2, \ldots$ und $\psi_1, \psi_2, \ldots$ durch die Rekursionsformeln

$$\varphi_m = \Re\,\varphi_{m-1} + c_m\,\varphi_0, \qquad \psi_m = \Re\,\psi_{m-1} + c_m\,\psi_0.$$

Über die Koeffizienten c_m wird die Verfügung $c_m = -(\varphi_{m-1}, \psi_0)$ getroffen. Die Funktionen φ_m und ψ_m lassen sich dann auch in der Form

$$\varphi_m(s) = \int\limits_0^s [\psi_0(s)\,\varphi_0(t) - \varphi_0(s)\,\psi_0(t)]\,\varphi_{m-1}(t)\,dt \tag{2}$$

$$\psi_m(s) = \int\limits_s^1 [\varphi_0(s)\,\psi_0(t) - \psi_0(s)\,\varphi_0(t)]\,\psi_{m-1}(t)\,dt$$

darstellen. Aus ihnen werden die Reihen

$$\Phi(x, \lambda) = \sum_{\nu=0}^{\infty} \varphi_\nu(x)\,\lambda^\nu; \qquad \Psi(x, \lambda) = \sum_{\nu=0}^{\infty} \psi_\nu(x)\,\lambda^\nu$$

gebildet. Sie konvergieren in der ganzen λ-Ebene. Es handelt sich um die Neumannschen Reihen Volterrascher Kerne, die in den eckigen Klammern von (2) stehen. Der reziproke Kern $\Gamma(s, t; \lambda)$ berechnet sich aus

$$\Gamma(s, t; \lambda)\left(1 - \lambda \int\limits_0^1 \Phi(\varrho, \lambda)\,\psi_0(\varrho)\,d\varrho\right) = \Phi(s, \lambda)\,\Psi(t, \lambda) \qquad \text{für I.} \tag{3}$$

Die Nullstellen des Faktors von $\Gamma(s, t; \lambda)$ bilden die Eigenwerte λ_i des Kerns $K(s, t)$. Seine Eigenfunktionen sind $\Phi(s, \lambda_i)$ und $\Psi(s, \lambda_i)$. Numerische Beispiele hierzu finden sich in der Arbeit [47].

In der Arbeit [48] werden Integraloperatoren $\mathfrak{L}$ aus gegebenen Integraloperatoren $\mathfrak{F}_1, \mathfrak{G}_1, \mathfrak{H}_1; \mathfrak{F}_2, \mathfrak{G}_2, \mathfrak{H}_2$ konstruiert. Mit Bezug auf einen beliebigen Integraloperator $\Re$ sei $\mathfrak{S}_1\,\Re$ ein abgeänderter Integraloperator, dessen Kern in I mit dem Kern von $\Re$ übereinstimmt und in II verschwindet. Ferner sei $\mathfrak{S}_2\,\Re = \Re - \mathfrak{S}_1\,\Re$. Dann wird $\mathfrak{L} = \mathfrak{S}_1\,(\mathfrak{F}_1\,\mathfrak{G}_1\,\mathfrak{H}_1) + \mathfrak{S}_2\,(\mathfrak{F}_2\,\mathfrak{G}_2\,\mathfrak{H}_2)$ gesetzt. Für $\mathfrak{L}(\lambda)$ gilt

$$\mathfrak{S}_i\,\mathfrak{L}(\lambda) = \mathfrak{S}_i\big(\mathfrak{F}_i(\lambda)\,\mathfrak{G}_i(\lambda)\,\mathfrak{H}_i(\lambda)\big); \qquad i = 1, 2.$$

Dabei sind $\mathfrak{F}_i(\lambda)$, $\mathfrak{G}_i(\lambda)$ und $\mathfrak{H}_i(\lambda)$ erklärt durch

$$[1 - \lambda\,(\mathfrak{L} - \mathfrak{F}_i\,\mathfrak{G}_i\,\mathfrak{H}_i)]\,\mathfrak{F}_i(\lambda) = \mathfrak{F}_i,$$

$$\mathfrak{H}_i = \mathfrak{H}_i(\lambda)\,[1 - \lambda(\mathfrak{L} - \mathfrak{F}_i\,\mathfrak{G}_i\,\mathfrak{H}_i)]; \quad [1 - \lambda\,\mathfrak{G}_i\,\mathfrak{H}_i\,\mathfrak{F}_i(\lambda)]\,\mathfrak{G}_i(\lambda) = \mathfrak{G}_i.$$

Die Berechnung des Integraloperators $\mathfrak{L}(\lambda)$ für den reziproken Kern von $\mathfrak{L}$ ist mit diesen Formeln auf die Auflösung Volterrascher Integralgleichungen zurückgeführt. Eigenwerte und Eigenfunktionen von $\mathfrak{L}$ bestimmen sich bereits aus $\mathfrak{G}_1 \mathfrak{H}_1 \mathfrak{F}_1(\lambda)$[1]). Die praktische Anwendung der vorstehenden Formeln dürfte zu einiger Arbeit führen. Ein Beispiel für $L(s, t)$ ist

$$L(s, t) = \sum_{i, k = 1}^{n} \alpha_{ik} \varphi_i(s)\, \psi_k(t) \text{ für I}; \; L(s, t) = \sum_{i, k = n + 1}^{2n} \alpha_{ik}\, \varphi_i(s)\, \psi_k(t) \text{ für II.}$$

Dabei sind die α_{ik} beliebige Konstanten.

§ 42. Die Volterrasche Integralgleichung vom Faltungstyp.

Es handelt sich um die Gleichung

$$Y(s) + \int_0^s K(s - t)\, Y(t)\, dt = F(s).\tag{1}$$

Sie wird als Integralgleichung vom Faltungstyp bezeichnet; der Grund dafür hängt mit der Laplace-Transformation zusammen. — Wir folgen zunächst der Darstellung von G. Doetsch [20]. Die in der Einleitung getroffene Vereinbarung, daß alle Funktionen von einer Variabelen zulässig sein sollen, ersetzen wir nunmehr durch die Einführung sogenannter I-Funktionen $F(s)$ mit den folgenden Eigenschaften: 1. $F(s)$ ist für alle Argumente $s > 0$ definiert. 2. Das Integral $\int_{\alpha}^{\beta} F(t)\, dt$ mit $0 < \alpha < \beta$ existiert im eigentlichen Riemannschen Sinne. 3. Es existiert stets $\lim\limits_{\alpha \to 0} \int_{\alpha}^{\beta} |F(t)|\, dt$. Eine I-Funktion heißt L-Funktion, wenn zu irgendeiner komplexen Zahl s_0 und einer reellen Zahl α der Grenzwert

$$\lim_{\beta \to \infty} \int_{\alpha}^{\beta} e^{-s_0 t}\, F(t)\, dt$$

existiert. Alsdann existiert auch das sogenannte Laplace-Integral

$$f(s) = \int_0^{\infty} e^{-st}\, F(t)\, dt \quad \text{für } s = s_0.\tag{2}$$

Konvergiert es absolut, so heißt $F(s)$ eine L_a-Funktion. Alle für $s > 0$ beschränkten Funktionen, d. h. mit der Eigenschaft $|F(s)| \leq M$ für alle $s > 0$ mit endlichem M sind L_a-Funktionen. Konvergiert das Laplaceintegral für $s = s_0$, so auch für $\mathfrak{R}\, s > \mathfrak{R}\, s_0$. Findet absolute Konvergenz für $s = s_0$ statt, so auch für $\mathfrak{R}\, s > \mathfrak{R}\, s_0$. Es gibt eine Konvergenzabszisse β (reell), so daß $f(s)$ für $\mathfrak{R}\, s > \beta$ aber nicht für $\mathfrak{R}\, s < \beta$

---

[1]) Die Eigenwerte λ_i direkt; auf die Eigenfunktionen dieses Operators ist noch $\mathfrak{F}_1(\lambda_i)$ anzuwenden.

konvergiert. Es gibt eine weitere Konvergenzabszisse α (reell), so daß $f(s)$ für $\Re s > \alpha$ absolut, aber für $\Re s < \alpha$ nicht absolut konvergiert. Dabei ist $-\infty \leq \beta \leq \alpha \leq \infty$, und alle hierin liegenden Fälle können auftreten.

Durch die Laplace-Transformation (2) wird jede L-Funktion $F(s)$ in eine für $\Re s > \beta$ reguläre Funktion $f(s)$ transformiert, die als l-Funktion bezeichnet wird. Sie heißt l_a-Funktion, wenn $F(s)$ eine L_a-Funktion ist. Es wird auch $\mathfrak{L}(F) = f$ geschrieben. Diese Transformation ist eindeutig, aber nicht ihre Umkehrung. Befindet sich aber unter L-Funktionen mit der gleichen l-Funktion eine stetige, so ist sie die einzige ihrer Art. — Sind $F_1(t)$ und $F_2(t)$ zwei I-Funktionen, so existiert das von t abhängige Integral

$$F(t) = \int\limits_0^t F_1(\tau)\, F_2(t - \tau)\, d\tau, \tag{3}$$

das als Faltungsintegral bezeichnet und symbolisch in der Form $F = F_1 * F_2$ dargestellt wird. Dabei ist $F_1 * F_2 = F_2 * F_1$ und ferner $F_1 * (F_2 * F_3) = (F_1 * F_2) * F_3$ mit Bezug auf eine weitere I-Funktion F_3. Es seien nun F_1 und F_2 zwei L-Funktionen, deren Laplace-Integrale für $s = s_0$ konvergieren, und zwar mindestens eines davon absolut. Dann konvergiert auch das Laplace-Integral für die Faltung $F_1 * F_2$, und es ist

$$\mathfrak{L}(F_1 * F_2) = \mathfrak{L}(F_1)\, \mathfrak{L}(F_2) \quad \text{für } \Re s > \Re s_0. \tag{4}$$

Von nun ab sei die Kernfunktion $K(s)$ der Gleichung (1) als L_a-Funktion, $F(s)$ und die Lösung $Y(s)$ der Gleichung als L-Funktion vorausgesetzt. Mit den Abkürzungen $\mathfrak{L}(Y) = y$, $\mathfrak{L}(F) = f$ und $\mathfrak{L}(K) = k$ gilt dann

$$y(s) + y(s)\, k(s) = f(s) \quad \text{für einen Bereich } \Re s > s_0. \tag{5}$$

Man gelangt zu dieser Gleichung durch Anwenden der Laplace-Transformation auf die Gleichung (1). Für $\Re s > s_0$ konvergieren y und f einfach und k absolut. Aus der Gleichung (5) läßt sich y berechnen.

Notwendig und hinreichend dafür, daß (1) eine L-Funktion $Y(s)$ zur Lösung hat, ist, daß der Quotient

$$\frac{f(s)}{1 + k(s)} \tag{6}$$

eine l-Funktion bildet. Eine hinreichende Bedingung besteht, wenn der Quotient

$$\frac{k(s)}{1 + k(s)} \tag{7}$$

eine l_a-Funktion bildet, und dies ist bereits für $k(s) \neq -1$ der Fall. — Der Quotient (6) ist die Lösung von (5) nach y. Entwickelt man ihn nach Potenzen von k, so entsteht die Laplace-Transformierte der Neumannschen Reihe für die Gleichung (1).

Hat man $y(s)$ berechnet, so ergibt sich die Aufgabe, rückwärts von der Laplace-Transformierten zur Stammfunktion $Y(s)$ zu gehen. Ist $F(t)$ stetig, so muß auch $Y(s)$ es sein, und man hat also die einzige stetige Stammfunktion zu suchen. Ist der Quotient (7) eine l_a-Funktion, so genügt es, irgendeine ihr entsprechende L_a-Funktion $Q(s)$ zu suchen. Die Lösung ist dann $Y = F + Q * F$. Für eine große Anzahl von L-Funktionen sind die Laplace-Transformierten bekannt. Eine Tabelle solcher Funktionen findet sich in [20], S. 401 und in [44], S. 121 ff.

Im folgenden seien einige Beispiele für die Gleichung (1) gegeben. E. T. Whittaker [80] berechnet die reziproken Kerne $\Gamma(s)$, die sich aus der Gleichung

$$\Gamma(s) + \int_0^s \Gamma(t)\, K(s-t)\, dt = K(s) \tag{8}$$

bestimmen, für die folgenden Fälle:

A)
$$K(s) = \sum_{k=1}^m A_k\, e^{c_k s}.$$

Die Gleichung

$$\sum_{k=1}^m \frac{A_k}{s-c_k} = -1$$

möge lauter einfache Wurzeln $d_1, d_2, \ldots, d_m$ besitzen. Dann ist

$$\Gamma(s) = -\sum_{k=1}^m \frac{\prod\limits_{i=1}^m (d_k - c_i)}{\prod\limits_{\substack{i=1 \\ i \neq k}}^m (d_k - d_i)}\, e^{d_k s}.$$

Auf einen Grenzübergang $m \to \infty$ wird hingewiesen, ohne ihn auszuführen.

B)
$$K(s) = \sum_{i=0}^{n-1} \frac{a_i}{i!}\, s^i.$$

Besitzt die Gleichung $s^n + a_0\, s^{n-1} + \ldots + a_{n-1} = 0$ lauter einfache Wurzeln $c_1, \ldots, c_n$, so ist

$$\Gamma(s) = -\sum_{k=1}^n \frac{c_k^n}{\prod\limits_{\substack{i=1 \\ i \neq k}}^n (c_k - c_i)}\, e^{c_k s}.$$

C) wie B) mit $n = \infty$. Es ist dann $\Gamma(s) = \sum\limits_{i=0}^{\infty} D_i (-1)^i \dfrac{s^i}{i!}$ mit

$$D_i = \begin{vmatrix} a_0 & 1 & 0 \dots 0 \\ a_1 & a_0 & 1 \dots 0 \\ \multicolumn{3}{c}{\cdot\ \cdot\ \cdot\ \cdot\ \cdot\ \cdot\ \cdot\ \cdot} \\ a_i & a_{i-1} & \dots\ a_0 \end{vmatrix}.$$

Es ist aber einfacher, dieses Ergebnis durch Eintragen der Potenzreihe für K in (8) und durch Koeffizientenvergleich zu bestätigen als die Laplace-Transformation heranzuziehen.

Im Zusammenhang mit dem Beispiel A) sei auf zwei Arbeiten von M. Volpato [75] und O. Zanaboni [87] hingewiesen. Während Zanaboni die Exponentialfunktion im Ansatz für K durch eine allgemeinere Funktion ersetzt, und zu K den reziproken Kern berechnet, untersucht Volpato den Grenzübergang $m \to \infty$. Er setzt

$$K(s) = \sum_{k=1}^{\infty} A_k e^{-c_k s}, \qquad K_n(s) = \sum_{k=1}^{n} A_k e^{-c_k s}$$

mit $A_k > 0$, $c_k \geq 0$ und $c_i < c_k$ für $i < k$. Die Reihe $A = \sum\limits_{k=1}^{\infty} A_k$ soll konvergieren. Für die zu K und K_n gehörigen reziproken Kerne Γ bzw. Γ_n gilt nach Volpato

$$|\Gamma_n(s)| \leq A\ e^{-c_1 s}, \qquad |\Gamma - \Gamma_n| \leq \left(A - \sum_{k=1}^{n} A_k \right)(1 + 2p + 2p^2)$$

mit $p = \dfrac{A}{c_1 e}$

U. Richard [57] schlägt vor, die Funktionen $Y(s)$, $K(s)$ und $F(s)$ nach den Laguerreschen Polynomen

$$L_n(s) = \frac{e^s}{n!} \cdot \frac{d^n(s^n e^{-s})}{ds^n} = \sum_{\nu=0}^{n} (-1)^\nu \binom{n}{\nu} \frac{s^\nu}{\nu!}$$

zu entwickeln. Es ist $\mathfrak{L}(L_n) = \dfrac{(s-1)^n}{s^{n+1}}$. Geht man mit den Ansätzen

$$F(s) = \sum_{n=0}^{\infty} a_n L_n, \qquad K(s) = \sum_{n=0}^{\infty} b_n L_n, \qquad Y(s) = \sum_{n=0}^{\infty} c_n L_n$$

in die Integralgleichung (1) hinein, so bestimmen sich die Koeffizienten c_n aus

$$\sum_{n=0}^{\infty} c_n x^n \left[1 + (1-x)^{-1} \sum_{n=0}^{\infty} b_n x^n \right] = \sum_{n=0}^{\infty} a_n x^n \qquad \text{mit}\ \ x = s^{-1}(s-1).$$

Hieraus leiten sich die Rekursionsformeln

$$c_0(1 + b_0) = a_0$$
$$c_0(b_1 - b_0) + c_1(1 + b_0) = a_1$$

usw. ab.

§ 43. Kerne, die sich physikalisch-technisch darstellen lassen.

Obwohl Integralgleichungen im allgemeinen keine vorteilhafte Anwendung von mathematischen Instrumenten und sogenannten Analogiemaschinen zu ihrer Behandlung zulassen, gibt es spezielle Fälle, die hierfür in Frage kommen. Es werden dann die Instrumente dazu benutzt, um die Integraltransformation $u = \Re\, v$ auszuführen. Mit dieser Transformation ist natürlich noch nichts gewonnen, aber in Verbindung mit Iterationsverfahren kann man zu den gewünschten Lösungen gelangen.

Der Kern $K(s, t)$ läßt sich als die Flächendichte einer über den Definitionsbereich $0 \le s, t \le 1$ verteilten elektrischen Ladung auffassen. Setzt man den Kern als stückweise konstant voraus und nimmt man an, daß die Bereiche, in denen K einen konstanten Wert besitzt, ein Raster mit den Trennungslinien $s_i = i\,h$, $t_k = k\,h$; $h = 1/n$ bilden, so ist es nicht schwierig, zu gegebenem K eine solche Ladungsverteilung zu realisieren. In der Fernsehtechnik ist es üblich, quadratische Raster aus Mikrokondensatoren durch einen Elektronenstrahl aufzuladen und abzutasten. Man kann die Zahl der Mikrokondensatoren auf eine Million und mehr bringen. In der jüngsten Entwicklung der programmgesteuerten Maschinen wird diese Technik benutzt, um Zwischenresultate zu speichern.

Nach einem Referat im „Bulletin of the American Mathematical Society" ist ein elektronischer[1] „Integraltransformator" von H. Wallman [76] entwickelt worden. Das Gerät setzt sich aus einem Speicher für die Funktion $f(t)$, einem in der Fernsehtechnik üblichen Speicher für die Werte von $K(s, t)$, einem elektronischen Multiplikator, einem elektronischen Mittelwertbildner und einem synchronisierten System von Kathodenstrahlröhren (Braunsche Röhren) zusammen. Der Multiplikator dürfte zum Bilden des Produkts $K(s, t)\,f(t)$ dienen, der Mittelwertbildner zum Berechnen des Integrals $\int\limits_0^1 K(s, t)\,f(t)\,dt$. Die ganze Transformation benötigt nur 0,01 sec[2].

Es ist klar, daß man auf diese Weise fast jede Transformationsaufgabe praktisch behandeln kann, denn man wird bei dem heutigen Stand der Technik einen beliebigen Kern $K(s, t)$ hinreichend genau durch eine stückweise konstante Ladungsverteilung darstellen können.

Fast alle weiteren, bisher bekanntgewordenen Analogiegeräte zum Ausführen der Integraltransformation lassen sich als Integrieranlagen auffassen. Diese Anlagen, über die inzwischen eine größere Literatur entstanden ist (vgl. auch [12] und [19]), bestehen aus einer Ansammlung verschiedenartiger Getriebe. Sie enthalten die sogenannten Integraltriebe, um Integrationen $\int y\,dx$ kontinuierlich auszuführen; ferner sind Funktionstriebe vorhanden, um Funktionen einer Variabelen $y = f(x)$ nach dem Prinzip der Abtastung gezeichneter Funktionskurven durch photozellengesteuerte Servomechanismen darzustellen, und schließlich sind Summentriebe zu erwähnen, die die laufende Addition zweier Größen x und y ermöglichen. Hinsichtlich weiterer technischer Einzelheiten sei nochmals auf die genannte Literatur verwiesen.

Die Integrieranlage wird in der Weise benutzt, daß eine Schaltung aus den verschiedensten Getriebetypen hergestellt wird. Eine solche Schaltung

---

[1]) Elektronisch ist im Sinne des englischen „electronic" zu verstehen.

[2]) Leider war es dem Referenten nicht möglich, technische Einzelheiten zu erfahren.

muß einen oder mehrere freie Eingänge $x_1, \ldots, x_n$ besitzen, in die nach Belieben Bewegungen eingeführt werden können. Die Ausgänge sämtlicher in der Schaltung vorhandenen Getriebe genügen dann einem System Pfaffscher Gleichungen, in das die Eingänge $x_1, \ldots, x_n$ eingehen.

Insbesondere kann man Integrieranlagen benutzen, um Funktionen von mehreren Veränderlichen, also auch Kerne $K(s, t)$ spezieller Bauart darzustellen. Dies sei an einigen Beispielen erläutert. Es sei z. B. $K(s, t) = f(s) + g(t)$. Mit Hilfe zweier Funktionstriebe zum Erzeugen der Funktionen $f(s)$ und $g(t)$ und eines Summentriebes, um beide zu addieren, kann man eine Schaltung mit zwei Eingängen s und t und einem Ausgang K bilden, der den Wert $K(s, t)$ in Abhängigkeit von s und t annimmt. Ist nun $\varphi[x]$ eine dritte Funktion einer Variabelen x, so kann man mittels eines sie darstellenden Funktionstriebes und der soeben beschriebenen Schaltung den Kern

$$K(s, t) = \varphi[f(s) + g(t)]$$

darstellen. Auf diese Weise kann man durch „Schachteln" Kerne von beliebig komplizierter Bauart gewinnen, die sich ausschließlich mit Hilfe von Summen- und Funktionstrieben darstellen lassen.

Es sei $K(s, t)$ ein Kern, der sich durch eine Schaltung der Integrieranlage darstellen läßt. Um nun die Integraltransformation

$$u(s) = \int\limits_0^1 K(s, t)\, v(t)\, dt$$

auszuführen, stellt man $v(t)$ durch einen Funktionstrieb dar. Mit Hilfe eines Integraltriebes wird dann zunächst das Integral $V(s) = \int\limits_1 v(s)\, ds$ und mit Hilfe eines weiteren Integraltriebes der Ausdruck $u(s) = \int\limits_0 K\, dV$ bei festem s gebildet. Indem man die Integration für eine hinreichend große Anzahl von Argumenten s durchführt und die so erhaltenen Werte nach irgendeinem Interpolationsverfahren, für das wiederum die Integrieranlage benutzt werden kann, zu einer Funktion $u(s)$ vervollständigt, erhält man schließlich das Ergebnis der Integraltransformation.

Der Umstand, daß man die Integration bei festem s ausführen und für eine hinreichend große Anzahl solcher Werte wiederholen muß, läßt erkennen, daß die Benutzung von Integrieranlagen nicht so recht der Eigenart der Integralgleichungen entspricht. Immerhin beschreitet H. Föttinger [24] diesen Weg, wobei er statt der nach dem Prinzip der Abtastung von Funktionskurven wirkenden Funktionstriebe direkt Spezialgetriebe benutzt, die zugleich auch Funktionen von mehreren Variablen darstellen. Die darzustellenden Funktionen sind solche, wie sie sich bei der Anwendung der Rankineschen Methode ergeben, die darin besteht, Quellen und Senken im Inneren eines umströmten Körpers anzunehmen, um Strömungen um den Körper zu berechnen. Föttinger beschreibt insbesondere ein Universalgerät für diesen Zweck mit 16 einzelnen Getrieben.

Es liegt auf der Hand, daß die Integraltransformation, die einer Volterraschen Integralgleichung vom Faltungstyp entspricht, besonders einfach mit Hilfe der Technik der Integrieranlagen ausgeführt werden kann. Es handelt sich um die Bildung einer Faltung, die man vollkommen mit Funktionstrieben und Integratoren erledigen kann. Hierauf nehmen zwei Arbeiten von G. Aprile [1] und P. L. Tea [72] Bezug.

Literaturverzeichnis.

1. G. Aprile, Un integrafo per la valutazione delle espressioni simboliche del calcolo operatorio funzionale. Comment. Pontificia Acad. Sci. 8 (1944) 31—44.
2. H. Bateman, Numerical solution of linear integral equations. Proc. Roy. Soc. London (A) 100 (1922) 441—449.
3. I. Bernier, Les principales méthodes de résolution numérique des equations intégrales de Fredholm et de Volterra. Ann. Radioélec. 1 (1945) 311—318.
4. E. Bodewig, Bericht über die verschiedenen Methoden zur Lösung eines Systems linearer Gleichungen mit reellen Koeffizienten. Amsterdam 1947.
5. E. Bodewig, Konvergenztypen und das Verhalten von Approximationen in der Nähe einer mehrfachen Wurzel einer Gleichung. Z. angew. Math. Mech. 29 (1949) 1—8.
6. C. B. Biezeno und R. Grammel, Technische Dynamik. Berlin 1939, Kap. III, § 3, 14.
7. H. Bückner, A special method of successive approximations for Fredholm integral equations. Duke math. J. 15 (1948) 197—206.
8. H. Bückner, Ein unbeschränkt anwendbares Iterationsverfahren für Fredholmsche Integralgleichungen. Math. Nachr., Berlin 2 (1949) 304—318.
9. H. Bückner, Bemerkungen zur numerischen Quadratur. Zwei Mitteilungen. Math. Nachr., Berlin 3 (1949/50) 142—145 und 146—151.
10. H. Bückner, Konvergenzuntersuchungen bei einem algebraischen Verfahren zur näherungsweisen Lösung von Integralgleichungen. Math. Nachr., Berlin 3 (1950) 358—372.
11. H. Bückner, Untere Schranken für skalare Produkte von Vektoren und für analoge Integralausdrücke. Ann. Mat. pura appl., Bologna, IV. S. 28 (1949) 237—261.
12. H. Bückner, Über die großen Rechengeräte. Abh. math. Sem. Univ. Hamburg 17 (1951) 22—68.
13. C. F. Carrier, On the determination of the eigenfunctions of Fredholm equations. J. Math. Phys., Massachusetts 27 (1948) 82—83.
14. L. Cesari, Sulla risoluzione dei sistemi di equazioni lineari per approssimazioni successive. Atti Accad. naz. Lincei, Rend. Cl. Sci. fis. mat. natur., VI. S. 25 (1937) 422—428.
15. L. Collatz, Schrittweise Näherungen bei Integralgleichungen und Eigenwertschranken. Math. Z., Berlin 46 (1940) 692—708.
16. L. Collatz, Einschließungssatz für die Eigenwerte von Integralgleichungen. Math. Z., Berlin 47 (1941) 395—398.
17. L. Collatz, Eigenwertprobleme und ihre numerische Behandlung. Leipzig 1945, insbesondere S. 221—261.
18. R. Courant und D. Hilbert, Methoden der mathematischen Physik, Bd. I, 2. Aufl. Berlin 1931, S. 96—133.
19. J. Crank, The Differential Analyser. London 1947.
20. G. Doetsch, Theorie und Anwendung der Laplace-Transformation. Berlin 1937.
21. F. H. van den Dungen, Über die Biegungsschwingungen einer Welle. Z. angew. Math. Mech. 8 (1928) 225—231.
22. D. Enskog, Kinetische Theorie der Vorgänge in mäßig verdünnten Gasen. Dissertation Uppsala 1917.
23. St. Fenyö, Über die „Polynomkerne" der linearen Integralgleichungen. Math. Z., Berlin 48 (1943) 772—780.
24. H. Föttinger, Die Entwicklung der „Vektorintegratoren" zur maschinellen Lösung von Potential- und Wirbelproblemen. Z. techn. Phys. 9 (1928) 26—39.
25. Frazer, Duncan and Collar, Elementary matrices and some applications to dynamics and differential equations. Cambridge 1938.
26. Ph. Frank und R. v. Mises, Die Differentialgleichungen der Mechanik und Physik, Bd. I, 2. Aufl. Braunschweig 1930, S. 471—587.
27. R. Grammel, Ein neues Verfahren zur Lösung technischer Eigenwertprobleme. Ingenieur-Arch. 10 (1939) 35—46.

28. W. G y l l e n b e r g , Über eine graphische Lösung einer Integralgleichung. Astron. Nachr. **269** (1939/40) 52—53.

29. G. H a m e l , Integralgleichungen, 2. Aufl. Berlin 1949.

30. E. H e l l i n g e r und O. T o e p l i t z , Integralgleichungen und Gleichungen mit unendlich vielen Unbekannten. Encyklopädie math. Wiss. IIC 13.

31. U. H e l l s t e n , Determination of the denominator of Fredholm in some types of integral equations. Acta math., København **79** (1947) 105—152.

32. E. H ö l d e r , Über die Vielfachheiten gestörter Eigenwerte. Math. Ann., Berlin **113** (1936) 620—628.

33. D. H i l b e r t , Grundzüge einer allgemeinen Theorie der linearen Integralgleichungen, I. Abhdlg. Leipzig und Berlin 1912.

34. K. H o h e n e m s e r , Die Methoden zur angenäherten Lösung von Eigenwertproblemen in der Elastokinetik (Ergebnisse der Mathematik und ihrer Grenzgebiete Bd. I). Berlin 1932.

35. R. C. H o w l a n d , Application of an integral equation to the whirling speeds of shafts. Phil. Mag., J. theor. exper. appl. Phys., London, VII. S. **3** (1927) 513—528.

36. A. H u b e r , Eine Näherungsmethode zur Auflösung Volterrascher Integralgleichungen. Mh. Math. Phys., Wien **47** (1939) 240—246.

37. R. I g l i s c h , Bemerkungen zu einigen von Herrn Collatz angegebenen Eigenwertabschätzungen bei linearen Integralgleichungen. Math. Ann., Berlin **118** (1941) 263—275.

38. O. D. K e l l o g , On the existence and closure of sets of characteristic functions. Math. Ann., Berlin **86** (1922) 14—17.

39. W. M. K i n c a i d , Numerical methods for finding characteristic roots and vectors of matrices. Quart. appl. Math. **5** (1947) 320—345.

40. K. K n o p p , Theorie und Anwendung der unendlichen Reihen, 3. Aufl. Berlin 1931.

41. N. J. L e h m a n n , Beiträge zur numerischen Lösung linearer Eigenwertprobleme. Z. angew. Math. Mech. **29** (1949) 341—356 und **30** (1950) 1—16.

42. L. L i c h t e n s t e i n , Untersuchungen über die Gleichgewichtsfiguren rotierender Flüssigkeiten, deren Teilchen einander nach dem Newtonschen Gesetz anziehen. 2. Abhdlg. Stabilitätsbetrachtungen. Math. Z., Berlin **7** (1920) 126—231.

43. F. L ö s c h , Zur praktischen Berechnung der Eigenwerte linearer Integralgleichungen. Z. angew. Math. Mech. **24** (1944) 35—41.

44. W. M a g n u s und F. O b e r h e t t i n g e r , Formeln und Sätze für die speziellen Funktionen der mathematischen Physik. Berlin 1943, Kap. VIII.

45. W. M e y e r z u r C a p e l l e n , Kleine Änderungen des Kerns einer symmetrischen, homogenen linearen Integralgleichung. Z. angew. Math. Mech. **13** (1933) 323—324.

46. R. v. M i s e s und ·H. P o l l a c z e k - G e i r i n g e r , Praktische Verfahren der Gleichungsauflösung. Z. angew. Math. Mech. **9** (1929) 58—77 und 152—164.

47. P. M ö n n i g , Die praktische Auflösung der Fredholmschen Integralgleichungen mit symmetrischem Produktkern. Veröff. Math. Inst. T. H. Braunschweig Nr. 4 (1947), 32 S.

48. P. M ö n n i g , Über Integralgleichungen mit unsymmetrischem Polynomkern bei längs der Hauptdiagonale sich änderndem Bildungsgesetz. Dissertation. Braunschweig 1948.

49. B. P. M o o r s , Valeur approximative d'une intégrale définie. Paris 1905.

50. E. J. N y s t r ö m , Über die praktische Auflösung von linearen Integralgleichungen mit Anwendungen auf Randwertaufgaben der Potentialtheorie. Comment. phys.-math., Soc. Sci. Fennica **4**, Nr. 15 (1928), 52 S.

51. E. J. N y s t r ö m , Über die praktische Auflösung von Integralgleichungen. Comment. phys.-math., Soc. Sci. Fennica **5**, Nr. 5 (1929), 22 S.

52. E. J. N y s t r ö m , Über die praktische Auflösung von Integralgleichungen mit Anwendungen auf Randwertaufgaben. Acta math., København **54** (1930) 185—204.

53. E. J. N y s t r ö m , Zur numerischen Lösung von Randwertaufgaben bei gewöhnlichen Differentialgleichungen. Acta math., København **76** (1944) 157—184.

54. W. Prager, Die Druckverteilung an Körpern in ebener Potentialströmung. Phys. Z. **29** (1928) 865—869.
55. H. Rademacher, On a theorem of Frobenius. Studies Essays, pres. to R. Courant (1948), S. 301—305.
56. F. Rellich, Störungstheorie der Spektralzerlegung. Fünf Mitteilungen, insbesondere I. Mitteilung, Math. Ann., Berlin **113** (1936) 600—619; IV. Mitteilung, Math. Ann., Berlin **117** (1940) 356—382; V. Mitteilung, Math. Ann., Berlin **118** (1942) 462—484.
57. U. Richard, Rapporti tra le equazioni di Volterra e le serie di polinomi di Laguerre. Atti Accad. Sci. Torino, Cl. I, **81/82** (1948) 316—331.
58. L. F. Richardson and A. Gaunt, The deferred approach to the limit. Phil. Trans. R. Soc. London, A **226** (1929) 299—349 und 350—361, insbes. 342.
59. Runge-König, Vorlesungen über numerisches Rechnen. Berlin 1924.
60. T. Sato, On eigenvalues of iterated kernels. Proc. phys.-math. Soc. Japan, III. S. **23** (1941) 4—7.
61. W. Schmeidler, Integralgleichungen mit Anwendungen in Physik und Technik, Bd. I, Lineare Integralgleichungen (Mathematik und ihre Anwendungen in Physik und Technik Bd. XII). Berlin 1950.
62. E. Schmidt, Zur Theorie der linearen und nichtlinearen Integralgleichungen. I. Abhandlung Math. Ann., Berlin **63** (1907) 433—476; II. Abhandlung Math. Ann., Berlin **64** (1907) 161—174.
63. K. Schröder, Über eine Integralgleichung 1. Art der Tragflügeltheorie. S.-B. Preuß. Akad. Wiss. Phys.-math. Kl. (1938) 345—362.
64. G. Schulz, Iterative Berechnung der reziproken Matrix. Z. angew. Math. Mech. **13** (1933) 57—59.
65. I. Schur, Zur Theorie der linearen homogenen Integralgleichungen. Math. Ann., Berlin **67** (1909) 306—339.
66. H. A. Schwarz, Gesammelte mathematische Abhandlungen. Bd. I. Berlin 1890, S. 241—265.
67. E. Schwerin, Über Transversalschwingungen von Stäben veränderlichen Querschnitts. Z. techn. Phys. **8** (1927) 264—271.
68. F. S. Shaw, The approximate numerical solution of the non homogeneous linear Fredholm equations by relaxation methods.
69. R. C. T. Smith, The approximate solution of equations of infinitely many unknowns. Quart. J. Math. (Oxford Ser.) **18** (1947) 25—52.
70. F. Smithies, The eigenvalues and singular values of integral equations. Proc. London math. Soc., II. S. **43** (1937) 255—279.
71. G. Tautz, Integralgleichungen. Naturforschung und Medizin in Deutschland 1939—1946. Reine Mathematik Bd. II. Wiesbaden 1948. S. 67—83.
72. P. L. Tea, A mechanical integraph for the numerical solution of integral equations. J. Franklin Inst. **245** (1948) 403—419.
73. G. Temple, The computation of characteristic numbers and characteristic functions. Proc. London math. Soc., II. S. **29** (1929) 257—280, insbes. S. 275.
74. F. Tricomi, Sulla risoluzione numerica delle equazioni integrali di Fredholm, Atti Accad. naz. Lincei, Rend. Cl. Sci. fis. mat. natur. V. S. **33₁** (1924) 483—486 und **33₂** (1924) 26—30.
75. M. Volpato, Sulla risoluzione di una particolare equazione integrale lineare di Volterra. Boll. Un. mat. Ital., III. S. **2** (1948) 34—40.
76. H. Wallmann, Electronic general transform computer. Bull. Amer. math. Soc. 53/11 (1947), Nr. 421.
77. D. H. Weinstein, Modified Ritz method. Proc. nat. Acad. Sci. USA **20** (1934) 529—532.
78. J. Weissinger, Über eine Erweiterung der Prandtlschen Theorie der tragenden Linie. Math. Nachr., Berlin **2** (1949) 45—106.
79. G. Wiarda, Integralgleichungen unter besonderer Berücksichtigung der Anwendungen. Leipzig 1930, S. 126.
80. E. T. Whittaker, On the numerical solution of integral equations. Proc. R. Soc., London, A **94** (1918) 367—383.

81. H. W i e l a n d t , Die Einschließungssätze von Eigenwerten normaler Matrizen. Math. Ann., Berlin **121** (1949) 234—241.
82. H. W i e l a n d t , Das Iterationsverfahren bei nicht selbstadjungierten linearen Eigenwertaufgaben. Math. Z., Berlin **50** (1944) 93—143.
83. H. W i e l a n d t , Ein Ansatz von L. Schwarz zur Lösung singulärer Integralgleichungen 1. Art. AVA-Bericht B 44/J/22 (1944), ungedruckt.
84. H. W i e l a n d t , Bestimmung höherer Eigenwerte durch gebrochene Iteration. AVA-Bericht B 44/J/37 (1944), ungedruckt.
85. H. W i e l a n d t , Ein Einschließungssatz für charakteristische Wurzeln normaler Matrizen. Arch. Math., Karlsruhe **1** (1948) 348—352.
86. F. A. W i l l e r s , Numerische Integration (Sammlung Göschen Nr. 864). Berlin 1923.
87. O. Z a n a b o n i , Soluzione delle equazioni integrale di Volterra avente un particolare nucleo in x-y. Mem. Accad. Sci. Ist. Bologna, Cl. Sci. fis., X. S. **3** (1947) 47—53.
88. N. Z e i l o n , Sul calcolo numerico degli autovalori. Atti. Accad. naz. Lincei, Rend. Cl. Sci. fis. mat. natur., VIII. S. **6** (1949) 52—60.
89. R. Z u r m ü h l , Matrizen. Berlin 1950.

Nachtrag.

90. R. B e l l m a n n , Note on summability of formal solutions of linear integral equations. Duke math. J. **17** (1950) 53—55.
91. C. W a g n e r , On the solution of Fredholm integral equations of second kind by iteration. J. Math. Phys., Massachusetts **30** (1951) 23—30.
92. L. C o l l a t z , Numerische Behandlung von Differentialgleichungen, Berlin 1951 (vgl. insbesondere Kapitel V. Integral- und Funktionalgleichungen).
93. B. d. S z. N a g y , Perturbations des transformations autoadjointes dans l'espace de Hilbert. Commentarii Mathematici Helvetici **19** (1946/47) 347—366.

Sachverzeichnis.